シンプルな材料でリアルな表現

野菜と果物のキャンドル

兼島麻里

本物そっくりに見せる
着彩とディテールの作り方

Contents

林檎（りんご）	6	››› 作り方 34 〜 36
洋梨（ようなし）	7	››› 作り方 37 〜 39
無花果（いちじく）	8	››› 作り方 40 〜 43
ブルーベリー	9	››› 作り方 44 〜 45
ミニトマト	10	››› 作り方 46 〜 48
アボカド	11	››› 作り方 49 〜 51
ビーツ	12	››› 作り方 52 〜 54
南瓜（かぼちゃ）	13	››› 作り方 55 〜 57
栗（くり）	14	››› 作り方 58 〜 60
柿（かき）	15	››› 作り方 61 〜 63
デコポン	16	››› 作り方 64 〜 66
桃（もも）	17	››› 作り方 67 〜 69
カリフラワー	18	››› 作り方 72 〜 74
パプリカ	19	››› 作り方 75 〜 77
レモン	20	››› 作り方 78 〜 81
ライチ	21	››› 作り方 82 〜 83
マンゴー	22	››› 作り方 84 〜 86
スターフルーツ	23	››› 作り方 87 〜 89
蓮根（れんこん）	24	››› 作り方 90 〜 92
椎茸（しいたけ）	25	››› 作り方 93 〜 95

作り始める前に
キャンドル作りの基本

ワックス ……………………… 26 〜 27
ワックスを使って行う基本的な工程

芯と座金
蝋引きの仕方
座金のつけ方

顔料 …………………………… 28 〜 29
顔料の使い方
オリジナルの色作り
色のくすませ方
砂の作り方

道具 …………………………… 30 〜 31

キャンドル作りの環境 ……… 32 〜 33
道具の掃除はこまめに
ワックスの保管
火を灯すときに気をつけたいこと
材料と道具の購入

Column

〜キャンドルを並べて、ひと休み …… 70 〜 71
炎のゆらぎに癒される
ゆらりと揺れる影
アンティーク色の落ち着き

prologue

キャンドルと出会ったのは 12 年前。
ある日、偶然に街でキャンドルを目にしたことがきっかけです。
あ、作りたい！ そう直感し、その日のうちに、鍋やたこ糸、
仏壇用のキャンドルなどを買い集めて、作り始めました。
当時は、キャンドルの本も教室も少なかったので
試行錯誤をしながら、ひたすら独学で。
毎日のように作っては失敗し、時々成功して…のくり返し。
それでも、ワックスを溶かしたり、型に流し入れたり、色をつけたり、
すべての工程がとても新鮮で、実験をしているような
ワクワク感が止まらなかったことを覚えています。
時が過ぎ、作ることと火を灯すことは今ではすっかり暮らしの一部。
日々の生活に彩りと感動を与え続けてくれています。
この本で紹介している野菜と果物のキャンドルは、
自然の中にある造形美をありのまま表現できるよう、
色や質感、形をリアルに、
そして、火を灯したときの姿をイメージしながら作りました。
丁寧に、じっくりと、ひとつひとつの作品に手をかける、
その時間の心地よさを味わっていただけたらうれしいです。
キャンドルができたら、そっと火を灯してみてください。
林檎なら、燃え尽きるまで約 12 時間…。
揺れる炎を眺めながら、どうぞ心静かなひとときを。

兼島麻里

洋梨
<small>ようなし</small>

How to ››› P37〜39

マーブル模様のような色むらと、
皮の粒々で本物らしく

無花果
<small>いちじく</small>

How to » P40〜43

表面はつるりと。果肉は凹凸をつけてとろりと…

ブルーベリー

How to ››› P44〜45

表皮がほのかに白く曇っているのは、もぎたてだから

ミニトマト

How to ›› P46〜48

透けた薄皮の瑞々しさと、
そり返るへたの愛らしさ…

種入りの実を作って、二つに割れば…

アボカド

How to ››› P49〜51

ビーツ

<u>How to ≫ P52～54</u>

傷ついた表皮で
土の匂いと採れたての野性味を

おなじみの南瓜と淡色の伯爵南瓜。どちらも手のひらサイズ。

南瓜
かぼちゃ

How to ≫ P55〜57

栗
（くり）

HOW TO ››› P58〜60

上はつやつや、下はさらさら。
皮をむいた黄色い実も一緒に

柿
かき

How to ››› P61〜63

冬の風に当たって乾いたへたが、チャームポイント

デコポン

How to ››› P64〜66

表面に小さな穴をあけて、柑橘らしい凹凸感を

桃
もも

How to ≫ P67～69

ワックスを重ねて醸し出す、産毛の手触り

枝分かれした茎の上に、小さな花をのせましょう

カリフラワー

HOW TO ››› P72 〜 74

パプリカ

How to ›› P75〜77

きゅきゅっと磨いて、フレッシュな艶やかさを

ライチ

How to ›› P82〜83

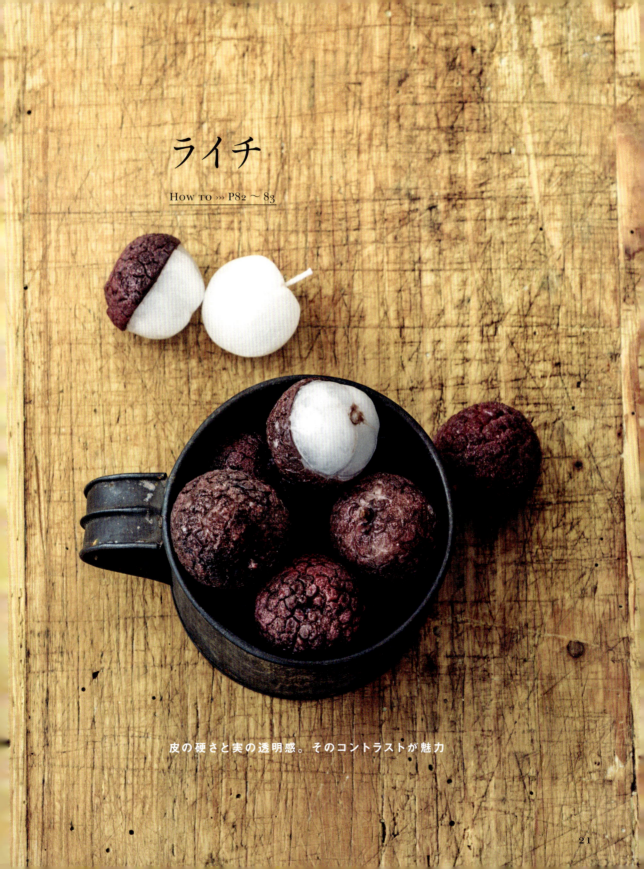

皮の硬さと実の透明感。そのコントラストが魅力

マンゴー

HOW TO >>> P84〜86

オレンジから赤へにじませた甘色が、完熟の印

スターフルーツ

How to ››› P87〜89

まさに星の形。南国らしいピンク色の芯にもこだわって…

厚みがあっても薄くてもかわいい形。
丸い穴はストローであけます

蓮根
れんこん

How to ›› P90〜92

椎茸
しいたけ

How to ››› P93 〜 95

形作りは粘土細工の要領で。軸とかさには溝を彫ってリアルさを

作り始める前に
キャンドル作りの基本

ワックス

ワックスはキャンドルの本体となる材料。本書では下の5種類を使っています。最もポピュラーなパラフィンワックスを中心に、作品の特徴に合わせ他のものを少量ブレンドします。ブレンドの仕方などは各作品の作り方ページをご覧ください。

パラフィンワックス
キャンドル作りに欠かせない、代表的な石油由来のワックス。溶けると透明になり、固まると乳白色になる。高温（120℃以上）で継続的に加熱し続けると、ワックスが黄味がかったり、臭いがしたりと劣化する。形状はペレット状、粒状、板状の3タイプ。融点（ワックスが溶け始める時の温度）は47〜69℃と幅があるが、本書では[融点55℃]、[ペレット状]のものを使用。比較的ゆっくりと固まるため、作業時間がやや長くとれる。

マイクロワックス
石油由来のワックス。パラフィンワックスに5〜10％程度加えて使用すると、気泡やひび割れが減り、粘度が増して、透明度はやや低下する。
本書では[融点81.5℃]、[板状]を使用。板状のものは、使用するときはまな板に置き、端の方から少しずつ、薄く包丁でカットする（写真左下）。埃がつきやすいので、カットした後、蓋つきの密封容器にまとめて保存するとよい（写真右下）。

ステアリン酸
牛脂から製造されるワックス。パラフィンワックスに5〜10％程度加えて使用すると、硬度が増して収縮率が上がる。気泡を減らす効果もあり、白く不透明になる。融点は57℃。本書では、キャンドルの表面に表情をつける「砂」の材料として主に単独で使用。（砂の作り方はP29参照）

蜜蝋
働きバチの腹部の腺から分泌された、ミツバチの巣を構成する蝋。単独で、また他のワックスとブレンドして使用する。独特の甘い香りで、粘着性が高く、綿密な造形の作品に向く。無漂白タイプと漂白タイプがある。融点は63℃。本書では着色に向く[漂白タイプ]を使用。

リキッドキャンドル
天然ガスを原料とし、不純物がほとんど含まれないクリーンな環境対応型の液状ワックス。
本書では表面を滑らかに整えるときに使用。

芯と座金

芯選びは大切です。細過ぎると炎が小さく消えやすくなり、また太過ぎれば炎が大きく、ススが出やすくなります。本書ではワックスの種類、配合、キャンドルのサイズ、含める顔料の量により、芯の種類やサイズを検討。その後、燃焼実験を行っています。

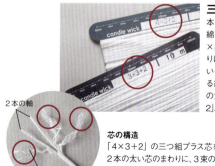

2本の軸
1束につき綿糸4本

三つ組プラス芯
本書で使っているパラフィンワックスと相性のよい木綿の組芯である「三つ組プラス芯」。パッケージの「4×3+2」は、軸になる2本の太い芯〈+2〉のまわりに、3束（1束につき綿糸4本）を三つ編みにしている〈4×3〉という意味。先頭の数字は1束における綿糸の本数を表すので、数字が大きくなるほど芯の太さが太くなる。本書では「2×3+2」、「3×3+2」、「4×3+2」の3サイズを使用する。

芯の構造
「4×3+2」の三つ組プラス芯をほどいたところ。軸になる2本の太い芯のまわりに、3束の綿糸（1束につき綿糸4本）を三つ編みにしたもので、軸に2本の太い芯があるため溶けたワックスの液溜まりの中で芯が倒れにくい。

座金
芯の底面に取り付ける金具で、芯が倒れないように固定するもの。

> ワックスを使って行う基本的な工程

ほとんどの作品に関わるワックスの作業工程です。各作品の作り方ページでも詳しく説明していますが、ここでおおまかな流れを頭に入れておきましょう。

1 溶かす

必要量のワックスを鍋に入れ、IHヒーターで加熱して溶かす。少量のワックスを溶かすときは、IHヒーターを低温にして少しずつじわじわと溶かすようにする。中温〜高温に設定するとあっという間にワックスが溶け、ワックスの温度が急激に上がって、品質が劣化したり火事の原因にもなるので気をつける。

2 ホイッピング

1で溶けたワックスを少しそのまま置いておき、表面に膜が張り始めたら、泡立て器で撹拌（ホイッピング）する。これがキャンドルのベースになる。

3 ベース作り

ホイッピングしたワックスが素手で触れる程度の温かさになったら、手で握り、野菜や果物の形を作る。

ディッピング

溶かしたワックスにキャンドルを浸して取り出す作業。本書では、主に表面に着色したり、滑らかにしたり、光沢を出したりするときに行い、色づけをしていない無色のワックスを使うこともある。ディッピングの回数や、浸すワックスの温度によって仕上がりが異なる。

蝋引きの仕方

芯はワックスでコーティングしてから使います。この作業を"蝋引き"といい、本書に出てくるほとんどの作品の芯は、事前にこの作業をしています。

1 ワックスに浸す

鍋にパラフィンワックスを適量溶かし、ワックスの温度80〜90℃で芯を数秒浸して割り箸で引き上げる。

2 固める

芯についた余分なワックスをティッシュペーパーで拭き取り、まっすぐにピンと張った状態で置いて固める。

座金のつけ方

本書では、一部の作品に座金を使っています。以下のように芯に取りつけます。

1 芯をつける

座金の突起している部分に、芯先をさし込む。

2 固定する

ペンチで座金の突起部分をしっかりと挟んでつぶし、芯が動かないようにする。

顔料

色作りと色づけは、キャンドル作りの醍醐味です。材料には主に顔料、染料の2種類がありますが、本書では、野菜や果物のキャンドルを灯していない間もインテリア小物として楽しめるよう、色移りが少なく、退色しづらい顔料を使っています。

ホワイト　イエロー　蛍光イエロー　蛍光グリーン　エバーグリーン　オレンジ　レッド

ブラック　マロン　ブルー　パープル　ピンク　マゼンタ

顔料の特徴
発色がよく、はっきりとした色が出る。また、退色や変色がしにくく、熱に強いのも特徴。本書で使う顔料は13色。写真のフレーク状の粒が顔料で、キューブはワックスに顔料を混ぜて固めたもの。

オリジナルの色作り

顔料は、単色で使うだけでなく、ブレンドして好きな色にすることができます。同じ作品でも、色味が違うだけで仕上がりのイメージが変わりますから、色作りにじっくりと時間をかけて楽しんでください。

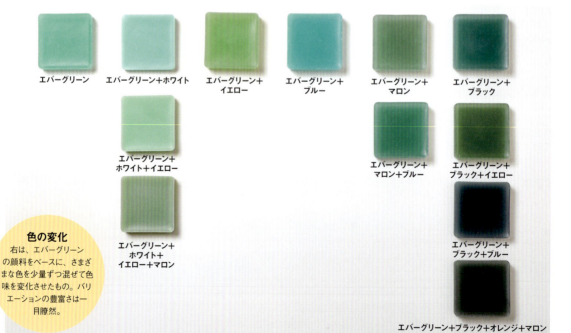

エバーグリーン　エバーグリーン+ホワイト　エバーグリーン+イエロー　エバーグリーン+ブルー　エバーグリーン+マロン　エバーグリーン+ブラック

エバーグリーン+ホワイト+イエロー

エバーグリーン+マロン+ブルー　エバーグリーン+ブラック+イエロー

エバーグリーン+ホワイト+イエロー+マロン

エバーグリーン+ブラック+ブルー

エバーグリーン+ブラック+オレンジ+マロン

色の変化
右は、エバーグリーンの顔料をベースに、さまざまな色を少量ずつ混ぜて色味を変化させたもの。バリエーションの豊富さは一目瞭然。

| 顔料の使い方 | フレーク状の顔料は、加熱して溶かしたワックスに混ぜ入れます。色を見ながら少量ずつ追加していきましょう。

1 顔料を入れる

溶かしたワックスに顔料を少量入れる。粒が大き過ぎる場合は、手で割ったり、カッターで刻んだりして量を加減する。配合の目安は、ワックスに対して0.1〜0.2%。ワックスの温度が約80〜90℃のときに添加する。温度が低いと全部溶け切れず、鍋底に沈殿してしまうことがあるので、温度を適温まで上げる。また、顔料を入れ過ぎると芯が目詰まりを起こし、炎が小さくなったり、消えてしまったりすることもあるので、使用量に気をつける。

顔料は非常に軽量のため、各作品の材料内に分量を記載していません。各キャンドルの着色後のワックスの色（作り方ページ内の写真）を参考にしながら、ワックスに少しずつ加えて調整してください。

2 顔料を溶かす

顔料を入れた後、軽く泡だて器や割り箸で混ぜて溶かす。溶け切れないときは、割り箸の先端で顔料をつぶして溶かすとよい。
＊作り方手順に入る前に、あらかじめ各々の鍋にワックスを溶かし、さらに顔料を溶かすこの工程をすませておくとスムーズに進む。

| 色のくすませ方 | 単色の顔料にブラックやマロンを混ぜるとくすんだ色味になり、キャンドルがアンティークな雰囲気に仕上がります。エバーグリーンで試してみましょう。

1 顔料を用意する
使うのはベースのエバーグリーンと、くすませる色・マロンの2色。

2 エバーグリーンを溶かす
溶かしたワックスにエバーグリーンの顔料を入れ、割り箸で混ぜて溶かす。

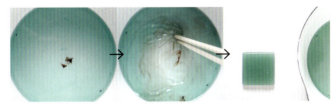

3 マロンを加える
1にマロンを少量加えて割り箸で混ぜて溶かせば、くすんだ色合いに。好きなくすみ加減になるよう顔料の量は調節を。＊ブラックを混ぜてくすませると、明度のみが下がる。顔料のブラックは溶けにくいので、使用する際はしっかり混ぜる。

| 砂の作り方 |

砂はステアリン酸で作る粒状のワックス。本書ではリアルな質感を表現するときにキャンドルの表面につけて使用します。

使う顔料はブラック、マロン、オレンジの3色。その配合を変えて、濃淡2種類の砂を作って使います。

1 ブラックを溶かす
ステアリン酸を鍋で加熱して溶かし、まずブラックの顔料を入れて混ぜる。

2 マロンを足す
マロンを加えて混ぜ合わせる。

3 オレンジを足す
オレンジもプラス。砂になった際の色は薄く見えるので、仕上げたい色のイメージよりも多めに顔料を入れるとよい。

4 ホイッピングする
少し固まり始め、表面の質感に変化が出てきたら、泡立て器でかき混ぜ始める。

5 さらにかき混ぜる
混ぜ続けていると途中で粘度が増してくるが、止めずにかき混ぜ続けると、徐々に砂のようなざらざらとした質感に変化する。

6 大きさを整える
大きい粒は指でつぶす。砂の粒のサイズには、ある程度バラつきがあってOK。それがまたリアルな砂の雰囲気になる。

道具

キャンドル作りに使う道具を紹介します。道具を揃えることで作品の幅は広がり、制作の効率も上がります。

IHヒーター
ワックスを溶かす際に使用（直火でワックスを溶かすのは大変危険）。1台でも制作できるが、2台あると作業効率が大幅に上がる。
〈火事に注意〉
加熱している間はその場を離れず、鍋から目を離さないようにする。

鍋
ワックスを溶かす際に使用。鍋のサイズ、形状は適宜使い分けるとよい。おすすめは着色の際に色が見やすい、内側が白色のホーロー鍋。マグカップタイプのものも小さく使いやすい。

棒状温度計
制作中のワックスの温度管理に必要不可欠。デジタル温度計でもよいが、温度の上昇・下降の動きがわかりやすい棒状温度計がおすすめ。
〈温度を測る習慣づけを〉
作品の作り方（P34〜）には、それぞれの場面で最適なワックスの温度を記載してある。適した温度を守って作業することは、すてきなキャンドル作りの早道。温度が変わると、同じ手順をとっても作品の再現がうまくできなくなるので気をつける。

シリコン製鍋つかみ
鍋の取っ手を持つ際に使用。ホーロー鍋は形状によって取っ手が熱くなる。特にマグカップタイプは非常に熱くなるので、これがあると便利。

はかり
ワックスの計量に使用。

カッター
キャンドルを切る際に使用。

包丁
マイクロワックスなどを切る際に使用。

スプーン
ホイッピングしたワックスを集めたり、ディッピングする際に使用。金属製がよい。

はさみ
芯やシート状のワックスを切る際に使用。シート状のワックスを切るときは、先細のものが使いやすい。

泡立て器
ワックスをホイッピングする際に使用。割り箸でホイッピングするよりも、きめ細かくホイッピングできる。

ペンチ
座金をつける際に使用。

粘土用ヘラ
キャンドルの表面に溝を作るなど、仕上げの細工に使用。

真鍮ブラシ
キャンドルの表面に凹凸をつけたり、質感を出す際に使用。

彫刻刀
キャンドルの表面を削る際に使用。本書で使用するのは三角刀、丸刀、平刀。

スパチュラ
鍋内のワックスをこそぎ取る際に使用。

ピンバイス
硬くなったキャンドルに芯を通す穴をあける際に使用（作品がまだ温かく柔らかさがある間は、針や竹串をさして芯を通す穴をあけることもできる）。

バット
ワックスの表面を平らにする際に。材料の整理や、道具の掃除時にも重宝。

シリコンモールド
少量のワックスを流し込んで固める際に使用。余ったワックスを流し込んで固め、保存することもできる。

針、クレイニードル、キリ
キャンドルの表面に穴をあけたり、模様をつけたりする際に使用。

筆
ワックスに色を塗る際に使用。太さの違うものを数本用意しておくとよい。水彩用の一般的な筆でかまわない。

半田ごて
ワックス同士の接着や芯の固定に。半田ごての先端にワックスが付着していると煙が出やすいので、小まめに拭き取る。作業時に煙が出やすいので、十分に換気を行う。
〈火傷に注意〉
使用中・使用後すぐは、半田ごての先端（こて先）が非常に熱くなるため、手で触れないようにする。

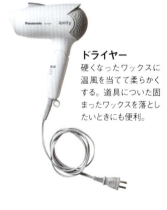

ドライヤー
硬くなったワックスに温風を当てて柔らかくする。道具についた固まったワックスを落としたいときにも便利。

ヒートガン
キャンドルの表面を程よく溶かし、模様や質感を出す際に使用。本書では、ヒートガンの先端に専用の細長いノズルをつけて使っている。
作品から距離を取り、1回の作業での連続使用時間は1～10秒程度を目安にする。作品にヒートガンを近づけ過ぎたり、長時間連続して使用したりすると、作品が溶け過ぎ、作品の表面の風合いがなくなるので気をつける。使用前に製品の取扱説明書を必ず読む。
〈火傷・火事に注意〉
300～600℃とかなり高温の熱が出る。ノズル部分は使用中だけでなく、電源を切ってからしばらくの間も非常に熱い状態が続くので、熱が完全に冷めるまではノズル部分には触れず、ノズル近くに可燃性のものを置かないようにする。

その他の消耗品

① **紙コップ** 液状のワックスを別の容器に移すときなどに。
② **割り箸** 顔料を溶かしたり、ホイッピングする際に。
③ **竹串** 大き目のキャンドルにさして芯穴をあけたり、模様をつけたりするときに使用。
④ **クッキングシート** ワックスを平らなシート状にするときなどに使用。また、机上に敷いてその上で作業すると、ワックスをこぼしてもしみにくい。シートについたワックスは固まってから簡単にはがせるので再利用もできる。鍋敷きとしても重宝する。
⑤ **ティッシュペーパー・キッチンペーパー** 道具についたワックスを拭き取るときなどに使用。

シリコンスプレー
（サラダ油で代用可）
作業中のワックスが直接触れるバットなどに吹きかけ、すべりをよくして、後で簡単に取り外せるようにする。

キャンドル作り の環境

IHヒーターをはじめ電化製品を多く使用するので、コンセントが近くにあり、換気ができる場所を選ぶといいでしょう。室温はキャンドル制作に影響を与えるため、空調などで室温を整えられる環境であることも大切です。特に冬場は、ワックスが硬化する速度が春夏よりも速いので、室温が低いと作業がしづらくなります。

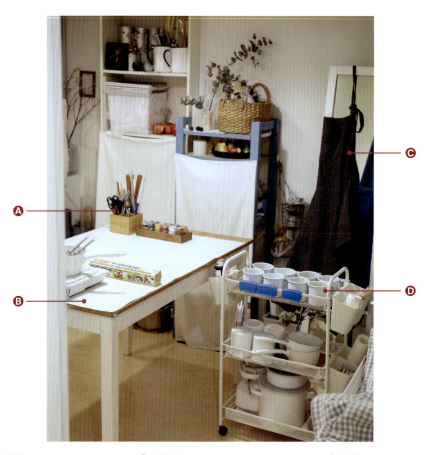

Ⓐ 小道具の整理
温度計、はさみ、筆など、使用頻度の高い小道具は、仕切りのあるペン立てに収納すると使いやすい。

Ⓑ 作業机
大きめの紙を敷き、四隅をセロハンテープで固定しておくと汚れを防げる。紙は、新聞紙やチラシ等よりも、ワックスがしみにくく耐久性のある模造紙がおすすめ。白い模造紙なら、まっさらな気持ちで作品に向き合える。汚れたら外して、新しいものと交換を。床に汚れてもよい布や模造紙などを敷いておくとなお安心。

Ⓒ 服装
制作中はワックスが飛び散り、作業机や床だけでなく、衣類も汚れることがある。エプロンを着用するか汚れてもよい服装で。

Ⓓ 道具の置き場所と保管
鍋や材料、道具は可動式のワゴンにまとめて置くとよい。作業時に机の隣にワゴンを運べる上、必要な道具や材料をすぐに取り出すことができる。作業時以外に、収納しやすい場所へ移動できるメリットも。

道具の掃除はこまめに

☐ **鍋についたワックス**
IHヒーターで少し温めながらティッシュペーパーで拭き取る。

☐ **鍋やIHヒーター**
四つ折りにしたキッチンペーパーや雑巾をIHヒーターの近くに常備しておき、鍋の注ぎ口、側面、底（外側）やIHヒーターの表面についた液状のワックスを、作業しながら固まる前にその都度小まめに拭き取るようにする。

☐ **よく使用する道具類**
　（泡立て器、スパチュラ、スプーンなど）
道具類をバットにのせてドライヤーで温め、付着していたワックスが溶けたら、まとめて手早くティッシュで拭き取る。

火を灯すときに気をつけたいこと

☐ **1度の燃焼時間は、1～1時間半を目安に**

最初にキャンドルに火を灯すときは1～1時間半程度燃焼させる。短時間で火を消すことを断続的にくり返すと、次回から、最初に溶けた範囲しか燃焼していかない特性がある。

☐ **芯が倒れてきたら…**
ピンセットなどで芯をまっすぐに立て、中央にくるようにする。

☐ **炎が小さいときは…**
一度火を消し、蝋の溜まりを紙コップなどに捨てる。
本書では、果物のへたの部分に顔料を多く使用しているため、灯し始めは炎が小さくなりやすい。小さいと感じたら、しばらく灯し続けて、ある程度蝋の液溜まりができたら火を消し、液溜まりを捨てて、もう一度燃焼を再開させるとよい。

☐ **芯先に黒いかたまりができる、炎が大きい、燃焼の途中で炎が激しく揺らぐ。そんなときは…**
一度火を消し、芯を少しカットする。

☐ **火を灯す場所**
空調の近くや風が強い場所での使用は、炎が激しく揺れて燃焼に影響するので控える。
キャンドルの下に不燃性の皿などを敷いて灯すとよい。
また、近くに可燃性のものがないかどうか確認を。

ワックスの保管

☐ **透明袋に入れる**

色をつけたワックスが余ったときや、日にちをあけて作業したいときは、写真のように透明な袋に入れ、ワックスの配合、制作日、混ぜ合わせた顔料を記入して保管しておくと便利。

☐ **再使用するときは…**
固まったまま鍋に入れ、IHヒーターで加熱して溶かせば、前回と同じように使用できる。時間が経過すると劣化するので、できるだけ早く使い切るようにする。

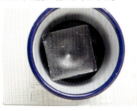

材料と道具の購入

☐ **パラフィンワックス、ステアリン酸、蜜蝋、芯、座金、顔料**
ベッキーキャンドル
https://www.candles.jp/

☐ **マイクロワックス**
キャンドル夢工房（国光産業株式会社）
https://shopping.geocities.jp/candle21/

☐ **リキッドキャンドル**
カメヤマインターネットショップ
https://www.kameyama-candle.jp/ec/shop/index.htm

☐ **主な道具**
はさみ、カッター、包丁、ペンチ、泡立て器、スプーン、スパチュラ、キリ、筆、彫刻刀、シリコンモールドなどは自宅のものを使うか100円ショップで。
ヒートガンや半田ごてはホームセンターでそろう。
粘土用ヘラやクレイニードルは大手画材店や文具店、インターネットショップで。

33

林檎
りんご

作品 P6
難易度 ★☆☆

材料

ベース用ワックス	105g〈パラフィンワックス100%〉、顔料〈イエロー+マロン〉
ディッピング用無色ワックス	適量〈パラフィンワックス100%〉
本体着色用ワックス①	10g〈パラフィンワックス100%〉、顔料〈エバーグリーン+イエロー+マロン〉
本体着色用ワックス②	50g〈パラフィンワックス100%〉、顔料〈エバーグリーン+イエロー+マロン〉
本体着色用ワックス③	50g〈パラフィンワックス100%〉、顔料〈レッド+オレンジ+マロン+ブラック〉
本体着色用ワックス④	50g〈パラフィンワックス100%〉、顔料〈レッド+オレンジ+マロン+ブラック〉
	※③よりも、マロンやブラックを多めに入れてダークにする
へた着色用ワックス	5〜10g〈パラフィンワックス100%〉、
	顔料〈イエロー+エバーグリーン+マロン+ブラック〉
リキッドキャンドル	
芯／蝋引きした三つ組プラス芯〈4×3+2〉（蝋引きの仕方はP27参照）	

道具

はかり、鍋数個、IHヒーター、泡立て器、棒状温度計、スプーン、筆（中筆、小筆）、
彫刻刀（丸刀、三角刀）、ヒートガン、ティッシュペーパー、針、粘土用ヘラ、はさみ、半田ごて

■ ベースを作る

1 ベース用ワックスを用意。鍋にパラフィンワックスを入れて加熱し、溶けたら顔料を入れて混ぜ合わせる。

2 鍋をIHヒーターからおろし、しばらく置いて表面に膜が張ってきたら、右写真のような状態になるまでホイッピングする。

3 手で触れる温度になったら、2のワックスをスプーンで集めて手のひらに取り、球形にして上下を凹ませる。下部分は小指を入れて深く凹ます。

4 別の鍋にディッピング用の無色ワックスを入れ、加熱して溶かし、70℃になったところで3を浸して取り出す。スプーンを使うとやりやすい。

5 4を手のひらにのせて形を整え、左写真のようにへたがつく上部を指でもう一度凹ませる。ワックスが固まるまでは形が崩れやすいので、形を整える作業は1工程終わるごとにするとよい。4〜5の作業を2〜3回行い、表面を滑らかにする。

色をつける

6 本体着色用ワックス①〜④を用意する。それぞれ別の鍋にパラフィンワックスを入れ、加熱して溶かし、顔料を混ぜ合わせる。明るい色とくすんだ色を数色使うことでリアルな表情を出す。

7 5が温かいうちに色づけを始める。まず色①から。小筆を使って、ワックス70℃でへたのまわりを塗る。

8 次は側面〜底面を塗る。まず色②を、7で塗った部分を上塗りしないように、中筆を使って、60〜70℃で所々隙間を作りながら塗る。

9 色③④も同様に塗る。上から下方向だけでなく、下から上方向にも筆を動かして表情を出す。色を濃くしたい部分は、右写真のように同じ箇所を何度も塗り重ねる。ワックスは低温の方がもったりとしてかすれやすく、高温の方が液状でさらっと塗れる。

10 色①〜④を塗り終えたら、温かいうちに手のひら全体で包み込み、表面にワックスを塗ったときにできた段差をできるだけ滑らかにする。

リアルな質感を出す

11 表面の数カ所に、丸刀で、浅くて丸いくぼみを掘り、くぼみを少し指で押さえて彫った箇所の段差をならす。

12 へたのまわりを浅く三角刀で彫り、彫った箇所の段差をならす。

13 遠くからヒートガン（Lowに設定）で全体をさっと温め、色の混ざり合いを自然にならし、段差をなじませる。

14 粗熱が取れたら（温めた直後に触ると、ワックスがはがれるので注意）手のひらで包み、表面の段差をできるだけ滑らかにする。段差がまだ目立つ場合は、あと1〜2回13〜14の作業をくり返す。

15 ティッシュペーパーにリキッドキャンドルを取り、表面全体が滑らかになるまで磨く。磨き過ぎると、色落ちするので注意する。

16 もう一度手で包み、形を最終的に整える。へた周りや底のくぼみを追加したり（写真）、底が平らになっていたら丸みを戻す。

芯をつけて仕上げる

 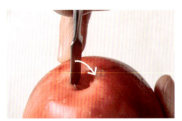

17 針で中心（上部の凹み）に芯穴をあけ（左写真）、蝋引きした芯を通して（中写真）、半田ごてでお尻部分の芯周りのワックスを少し溶かして固まるまで少し待つ（右写真）。これで芯が動かなくなり固定される。芯がへたとなる。

18 底の凹んでいる部分の縁に粘土用ヘラの尖った方をさし、内側に45度倒す。4〜5箇所行う。

19 完全に冷ましてから、へた着色用ワックスを鍋に溶かし、小筆を使って芯を80〜85℃で塗る。芯の根元も少し塗る。

20 芯を適当な長さにはさみで切った後、切った芯の断面にへた着色用ワックスを少し塗り足し、膨らみを出す。

21 芯の上部を軽く針で数回さし、断面にへたらしい質感を出す。

ARRANGE

食べかけの林檎

できた林檎の一部を丸刀でくりぬき、ヒートガン（Lowに設定）の熱を遠くから当てて、その段差を滑らかにする。

洋梨（ようなし）

作品 P7
難易度 ★★☆

材料

ベース用ワックス	90g〈パラフィンワックス100%〉
本体着色用ワックス①	15g〈パラフィンワックス95％＋ステアリン酸5％〉、顔料〈イエロー（多め）＋マロン〉
本体着色用ワックス②	15g〈パラフィンワックス95％＋ステアリン酸5％〉、顔料〈イエロー＋マロン（多め）＋オレンジ〉
本体着色用ワックス③	15g〈パラフィンワックス95％＋ステアリン酸5％〉、顔料〈イエロー＋マロン（少なめ）〉
ディッピング用無色ワックス	適量〈パラフィンワックス100％〉
へた着色用ワックス	5～10g〈パラフィンワックス100％〉、顔料〈マロン＋ブラック＋オレンジ〉
砂（濃い色）	／適量（砂の作り方はP29参照）
芯	／蝋引きし、座金をつけた三つ組プラス芯〈3×3＋2〉（蝋引きの仕方、座金のつけ方はP27参照）

道具

はかり、鍋数個、ＩＨヒーター、泡立て器、棒状温度計、スプーン、バット、シリコンスプレー、クッキングシート（10×17cm程度）、粘土用ヘラ、ドライヤー、ヒートガン、針、筆（小筆）、はさみ

▌ベースを作る

1 ベース用ワックスを用意する（鍋にベース用のパラフィンワックスを入れ、加熱して溶かす）。ＩＨヒーターからおろし、しばらく置いて表面に膜が張ってきたら、右写真のような状態になるまでホイッピングする。

2 1がある程度硬くなったら、スプーンでかき集めて手のひらに取り、洋梨の形にする。中央は絞ってくびれを作り、上下を凹ませる。

▌皮を作る

3 本体着色用ワックス①～③を用意する。それぞれ別の鍋にパラフィンワックスを入れ、加熱して溶かし、顔料を混ぜる。明るい色とくすんだ色を数色使うことでリアルな表情を出す。

4 平らなバットの裏にシリコンスプレーを吹きかけ、周囲4辺を折ったクッキングシートをのせて、バットにしっかり密着させる。密着させることで、手順5～6の際に思わぬ方向にワックスが流れにくくなり、洋梨の皮のマーブル模様がイメージ通りにできる。

5 本体着色用ワックス①を、写真のように間隔をあけながら、65℃でクッキングシートに流し入れる。

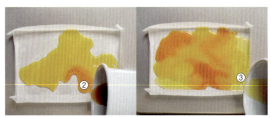

6 色②、③も同様に流し入れる。3色を部分的に重ね合わせ、マーブル模様のようにする。流し入れた後は、写真のように端までワックスが行き渡っていなくてOK。

7 6の上に砂を散らす。

8 粘土用ヘラで7をカットして、4分割にする。

■ベースに皮をつける

9 シート状の皮を温かいうちに折り曲げ、折れ目に白い筋模様を作った後、手早くベースに貼りつけていく。皮が硬くなり貼りづらいときは、ドライヤーの温風を当てて温め、柔らかくするとよい。

10 最終的に右写真のように白いベース部分が見えなくなるようにする。シート状の皮は扱いやすいサイズに手でちぎって貼ってもかまわない。また、ドライヤーで温めながら作業するとつなぎ目がなじむ。

11 シート状の皮同士の境目をヒートガン（Lowに設定）の熱を当てて少し溶かす。溶けた部分はすぐに指でなでて、境目をなじませる。

12 温かいうちに、砂を表面にさらに貼りつける。小さい砂だけでなく、粒の大きいものも埋め込むように所々入れるとリアルになる。

13 形を最終的に整える。

芯をつけて仕上げる

14 針で洋梨の中心に芯穴をあけ、座金つきの芯を通す。芯がへたになる。

15 ディッピング用無色ワックスを用意し(パラフィンワックスを鍋に入れ、加熱して溶かす)、芯を持ち、62℃でさっとディッピングする。底についた余分なワックスは指で素早く拭き取り、全体の形を整える。

16 芯に、小筆を使って80～85℃のへた着色用ワックスを塗る。根元も少し塗る。

17 芯をはさみで切った後、断面にもへた着色用ワックスを少し塗り足し、膨らみを出す。

18 芯の上部を軽く針で数回さし、断面にへたらしい質感を出す。

ARRANGE

色違いの洋梨

作り方の手順は黄色い洋梨と同じ。本体着色用ワックスの顔料を替えれば好みの色の洋梨になる。

グリーンの洋梨…エバーグリーン、マロン、ブラック、イエロー、ブルーの顔料を組み合わせ、濃淡の本体着色用ワックス①～③を作る。
オレンジ色の洋梨…オレンジ、マロン、ブラック、イエローの顔料を組み合わせ、濃淡の本体着色用ワックス①～③を作る。

無花果(いちじく)

作品 P8
難易度 ★★☆

材料

ベース用ワックス	55g〈パラフィンワックス100％〉、顔料〈ホワイト＋マロン〉
皮の筋用ワックス	10g〈蜜蝋100％〉、顔料〈エバーグリーン＋イエロー＋ホワイト＋マロン〉
本体着色用ワックス①	140g〈パラフィンワックス95％＋マイクロワックス5％〉、顔料〈エバーグリーン＋イエロー＋マロン＋ホワイト〉
本体着色用ワックス②	50g〈パラフィンワックス100％〉、顔料〈ピンク＋レッド＋パープル＋マロン＋ブラック＋ホワイト＋イエロー〉
本体着色用ワックス③	50g〈パラフィンワックス100％〉、顔料〈ピンク＋レッド＋パープル＋マロン＋ブラック＋ホワイト〉
本体着色用ワックス④	5〜10g〈パラフィンワックス100％〉、顔料〈マロン＋ブラック＋オレンジ〉
リキッドキャンドル	
砂（無色）	／適量（砂の作り方はP29参照。顔料は入れない）
芯	／蝋引きした三つ組プラス芯〈3×3＋2〉（蝋引きの仕方はP27参照）

道具

はかり、鍋数個、IHヒーター、泡立て器、棒状温度計、バット、シリコンスプレー、筋の型紙（厚紙で作る）クッキングシート、はさみ（先細）、スプーン、針、筆（中筆、小筆）、真鍮ブラシ、ティッシュペーパー、半田ごて

筋の原寸大型紙

■ 皮の筋を作る

1 皮の筋用ワックスを用意する（柔らかく細工しやすい蜜蝋を鍋に入れ、加熱して溶かし、顔料を混ぜ合わせる）。

2 バットの裏にシリコンスプレーを吹きかけ、バットにクッキングシートを貼りつける。

3 皮の筋用ワックスを80℃で2に流し広げる。サイズは6×6cmより一回り大きくする。

4 クッキングシートから、シート状になった皮の筋用ワックスをはがす。温か過ぎるうちにはがすと割れやすいので気をつける。

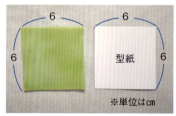

5 厚紙で作った筋の型紙を4に重ね、周囲の余分をはさみで切り落として正方形にする。

6 5を幅1〜2mm程度に細く切り分ける。15本程度細い筋を用意できるとよい。切るときは先細のはさみを使うと切りやすい。

■ベースを作る

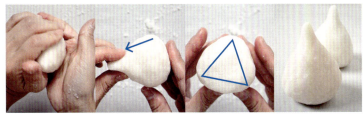

7 ベース用ワックスを用意し（パラフィンワックスを鍋に入れ、加熱して溶かし、顔料を混ぜ合わせる）、ホイッピングする。半分に割った無花果（P43）を作るときは、写真のように、パン粉のような状態になるまで続けると断面がきれいになる。

8 7をスプーンで集め、ぎゅっとワックス同士を密着させるように手のひらで包んで無花果の形にする。上部はほどほどに縦長に伸ばし、底はやや三角形になるようにする。

■ベースに筋をつける

9 6でできた細い筋を本体に15本程度貼りつける。細く伸ばした上部にはつけずに、余白をあけておく。

10 再び全体を手のひらで包んで形を整える。底はやや三角形の形になるように、サイドはあまり膨らませ過ぎず、平らに下がるようにすると本物らしい。

■色をつける

11 本体着色用ワックス①を用意し（パラフィンワックスとマイクロワックスを鍋に入れ、加熱して溶かし、顔料を混ぜ合わせる）、10の先端を持って60℃で5〜6回ディッピングする。毎回、底に付いた余分なワックスは指で素早く拭き取る。

12 筋と筋の間を少しくぼませ、形を整える。

13 粗熱が取れたら（温かいうちに引っ張るとちぎれてしまうので気をつける）、先端を少し引っ張りながら伸ばしてやや細くし、先端を好みの長さに切る。

41

14 針で無花果の中心に芯穴をあけ（左写真）、芯を通し（中写真）、半田ごてでお尻部分の芯周りのワックスを少し溶かして固め、芯が動かないように固定する（右写真）。

15 本体着色用ワックス②、③を用意する（パラフィンワックスをそれぞれ鍋に入れ、加熱して溶かし、顔料を混ぜ合わせる）。

16 下半分の筋付近を、中筆を使って、70～80℃の色②でさっと薄塗りする。

17 色③も同様に塗る。濃淡の赤を塗り重ねることでニュアンスが出る。

■ リアルな質感を出す

18 針をやや斜めに持ち、表面全体に穴をあける。深い穴と浅い穴をランダムにあけると本物らしくなる。下にいくほど穴を大きくするなど動きを出してもよい。

19 砂を穴に入れ込むように塗りつける。

20 リキッドキャンドルをティッシュペーパーに取り、表面と底を磨く。磨き過ぎると色落ちするので注意する。

21 先端の断面を針で数カ所さし、さらに真鍮ブラシで叩いて表情を出す。

22 本体着色用ワックス④（パラフィンワックスを鍋に入れ、加熱して溶かし、顔料を混ぜ合わせる）、を用意し、小筆を使って、80～85℃で先端とその周囲に縦のラインを出しながら塗り、最後に芯を好みの長さに切る。

ARRANGE

半分に割った無花果

できた無花果（芯を通していないもの）と、蝋引きした三つ組プラス芯〈3×3＋2〉、以下のワックスを用意する。

本体中身用無色ワックス　15g〈パラフィンワックス100%〉
断面着色用ワックス①　25g〈パラフィンワックス100%〉
　　　　　　　　　　　顔料〈レッド＋パープル＋オレンジ＋マロン＋ブラック〉※濃く着色する
断面着色用ワックス②　25g〈パラフィンワックス100%〉
　　　　　　　　　　　顔料〈ピンク＋レッド＋パープル＋マロン＋ブラック＋ホワイト＋イエロー〉

1　できた無花果を温かいうちにカッターで半分に切り、断面の下の部分を少し凹ませる。

2　断面にカッターで切り込みを入れる。

3　粘土用ヘラの尖った方で彫って、中身をくりぬく。

4　本体中身用無色ワックスを用意し（パラフィンワックスを鍋に入れ、加熱して溶かす）、膜が張ってきたら、割り箸で3に詰めていく。中央がやや凹むように少し少なめに詰める。

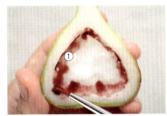

5　断面着色用ワックス①、②を用意し（パラフィンワックスを鍋に入れ、加熱して溶かし、顔料を混ぜ合わせる）、4がある程度固まったところで、まず色①で、断面の周囲を70～80℃で塗る。

6　次に、中央部分に70～80℃の色②を塗る。見た目のポイントになるように、中にも所々色①を重ねて塗る。

7　6が温かいうちに、針を横に倒して周囲と中央に深く模様をつける。

8　中央を筆の後ろで凹ませ、三角形のくぼみを作る。

9　針で芯穴をあけて芯をさし、半田ごてで芯が動かないように固定する。

ブルーベリー

作品 P9
難易度 ★☆☆

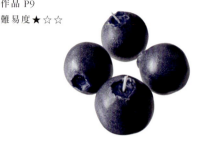

材料（4個分）
ベース用ワックス　　　　20g 〈パラフィンワックス100%〉
本体着色用ワックス　　　80g 〈パラフィンワックス95%＋マイクロワックス5%〉、
　　　　　　　　　　　　顔料〈ブルー＋パープル＋マロン＋ブラック〉
ディッピング用無色ワックス　適量 〈パラフィンワックス100%〉
芯／蝋引きした三つ組プラス芯〈2×3＋2〉（蝋引きの仕方はP27参照）

道具
はかり、鍋数個、IHヒーター、棒状温度計、シリコンモールド、ドライヤー、
針、クレイニードル、真鍮ブラシ、筆（中筆）、粘土用ヘラ、竹串、半田ごて、
はさみ

■ベースを作る

1 ベース用ワックスを用意し（パラフィンワックスを鍋に入れ、加熱して溶かす）、シリコンモールドに注いで、羊羹程度の硬さになったら取り出す。

2 1を4等分し、ひとつひとつを手のひらで丸めながら球形にする。徐々にワックスが硬くなってくるので、ドライヤーで温め、柔らかく戻しながら作業するとよい。

■色をつける

3 本体着色用ワックスを用意したら（パラフィンワックスとマイクロワックスを鍋に入れ、加熱して溶かし、顔料を混ぜ合わせる）、2に針をさし、60〜65℃で好みの色の濃さになるまで数回ディッピングする。底についた余分なワックスはその都度指で素早く拭き取る。

4 3を手のひらで丸め、もう一度球体の形を整える。

■リアルな質感を出す

5 真鍮ブラシで表面を叩き、白っぽくする。

6 ディッピング用無色ワックスを用意し（パラフィンワックスを鍋に入れ、加熱して溶かす）、粗熱が取れた5にもう一度針をさして60～65℃で一回さっとディッピングする。底の余分なワックスは指で拭き取り、針を抜く。5～6の作業で白く曇った擦りガラスのような表情が出る。

7 上部に、針（またはクレイニードル）で深く刻むように円を描き、その円をくりぬく。

8 粘土用ヘラの尖った方をくりぬいた円の輪郭に沿って差し込み、そのままヘラを外側へ向けて45度くらい傾ける。円の周囲に5箇所ほどさし込み、同じようにする。

9 上部の凹みをクレイニードルの後ろでぐっと押し、凹ませる。

10 9でくりぬいた部分に、中筆を使って、本体着色用ワックスを100℃で塗る。あえて塗りムラを出し、濃くなり過ぎないようにする。

11 竹串の後ろで10の中央を軽くさし、凹んだ型をつける。

12 11の型の周囲に針で円を描く。

■芯をつけて仕上げる

13 針で中央に芯穴をあけ（左写真）、芯を通して（中写真）、半田ごてでお尻部分の芯周りのワックスを少し溶かして固め、芯が動かないように固定する（右写真）。最後の、芯を好みの長さに切る。

ミニトマト

作品 P10
難易度 ★★☆

材料（直径3cm・4〜5個分）
ベース用ワックス　　60g〈パラフィンワックス100%〉
本体着色用ワックス①　80g〈パラフィンワックス95%+マイクロワックス5%〉、
　　　　　　　　　　　顔料〈レッド+オレンジ+マロン+ブラック〉
本体着色用ワックス②　80g〈パラフィンワックス95%+マイクロワックス5%〉、
　　　　　　　　　　　顔料〈エバーグリーン+蛍光グリーン+イエロー+マロン〉
へた用ワックス　　　5g〈蜜蝋100%〉、顔料〈エバーグリーン+イエロー+マロン+ブラック〉
芯／蝋引きした三つ組プラス芯〈3×3+2〉（蝋引きの仕方はP 27参照）

道具
はかり、鍋数個、IHヒーター、棒状温度計、スパチュラ、ドライヤー、針、筆（小筆）、クッキングシート、はさみ（先細）、半田ごて

■ベースを作る

1 ベース用ワックスを用意し（パラフィンワックスを鍋に入れ、加熱して溶かす）、IHヒーターからおろして羊羹程度の硬さになったら、スパチュラでこそぎ取る。

2 1個分（ワックスの1/4〜1/5量）を手に取り、丸めて球体を作る。残りのワックスでも同様に球体を作る。

3 ひとつずつしっかりとドライヤーで温めながら、表面の段差をできるだけ滑らかにする。段差があると後に、手順6の作業中に、手順5でディッピングしたワックスがはがれやすくなるので、手のひらで転がしてみて、球体が割れないかを確認するとよい。

■色をつける

4 本体着色用ワックス①②を用意する（パラフィンワックスとマイクロワックスをそれぞれ鍋に入れ、加熱して溶かし、顔料を混ぜ合わせる）。

5 3に針を半分くらいまでさし、色①に65℃で2回ディッピングする。底につく余分なワックスは指で素早く取り除く。

6 針を抜き、4を手のひらで転がして球体の形を整える。

7 もう一度針をさして片手で持ち、色②を80〜90℃で部分的に塗る。違う色を重ねることで、トマトの薄皮から透けて見える果肉を表現する。塗った後針をぬき、手のひらで転がして形を整える。

8 7に再び針をさし、色①に65℃で一回ディッピングする。底についたワックスは拭き取り、針をぬいて手のひらで転がして形を整える。

■へたを作る

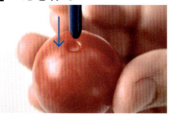

9 小筆の後ろでへたをつける部分を押して凹ませる。

10 さらに、9の周囲を全体的に少し指で押して凹ませる。

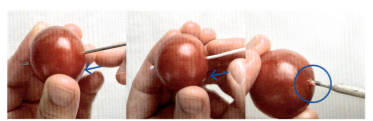

11 9の穴の中心部に針で芯穴をあけ（左写真）、芯をさして（中写真）、半田ごてでお尻部分の芯周りのワックスを少し溶かして固め、芯が動かないように固定する（右写真）。

12 へた用ワックスを用意し（蜜蝋を鍋に入れ、加熱して溶かし、顔料を混ぜ合わせる）、クッキングシートに70〜80℃で垂らす。

13 シート状になった12のワックスを適量ちぎり、二つ折りにして厚みを出す。

14 中央部分を尖らせ、下部分を薄く広げてへたの形に近づける。

15 尖らせた部分の先端を好みの長さに切り、中央に針をさす。ここが芯穴になるので、針は貫通させる。

16 広げたへたの下部分を先細のはさみで星形に切る。ワックスが硬くて切りにくい場合は、一度ドライヤーで温め、柔らかく戻してから行う。できたら針をぬく。

17 星形のへたに、針で線を数本描くようにして筋をつける。

18 へたの先端をそり返らせるように曲げて動きを出す。動かしにくい場合は、一度ドライヤーで温め、柔らかく戻してから行う。

19 へたの穴にミニトマト本体についている芯を通し、半田ごてで接着する。

ARRANGE

色違い、形違いのミニトマト

作り方の手順は赤いミニトマトと同じ。本体着色用ワックス①②の色を替えたり、ベースの形を細長くしたりして変化をつける。使用する顔料は以下の通り。

黄色いミニトマト… ①の顔料〈イエロー＋オレンジ＋マロン〉、
　　　　　　　　②の顔料〈エバーグリーン＋イエロー＋マロン＋蛍光グリーン〉
オレンジ色のミニトマト… ①の顔料〈オレンジ＋イエロー＋マロン＋エバーグリーン〉、
　　　　　　　　②の顔料〈エバーグリーン＋イエロー＋マロン＋蛍光グリーン〉
グリーンのミニトマト… ①の顔料〈エバーグリーン＋イエロー＋マロン＋蛍光グリーン〉、
　　　　　　　　②の顔料〈イエロー＋オレンジ＋マロン〉

アボカド

作品 P11
難易度 ★★☆

材料（種あり&種なし分）

種用ワックス	20g〈パラフィンワックス100%〉、顔料〈オレンジ＋イエロー＋マロン＋ブラック〉
ベース用ワックス	80g〈パラフィンワックス100%〉、顔料〈ホワイト＋イエロー＋マロン〉
本体着色用ワックス①	130g〈パラフィンワックス95%＋マイクロワックス5%〉、顔料〈ホワイト＋エバーグリーン＋イエロー＋マロン〉
本体着色用ワックス②	130g〈パラフィンワックス95%＋マイクロワックス5%〉、顔料〈オレンジ＋マロン＋ブラック〉
本体着色用ワックス③	130g〈パラフィンワックス95%＋マイクロワックス5%〉、顔料〈ブラック＋マロン＋エバーグリーン＋イエロー＋ホワイト〉
砂（濃淡2色）／適量（砂の作り方はP29参照）	
芯／蝋引きした三つ組プラス芯〈3×3＋2〉（蝋引きの仕方はP27参照）	

道具

はかり、鍋数個、IHヒーター、泡立て器、棒状温度計、スプーン、真鍮ブラシ、カッター、針、クッキングシート、アルミホイル、はさみ、半田ごて

■種を作る

1 種用ワックスを用意し（パラフィンワックスを鍋で加熱して溶かし、顔料を混ぜ合わせる）、IHヒーターからおろして、表面に膜が張ってきたらホイッピングする。

2 スプーンで1を集めて丸め、手のひらで転がして球体にする。

3 表面を真鍮ブラシで叩いて白っぽいマットな表情をつけ、完全に冷ます。

■ベースを作る

4 ベース用ワックスを用意し（パラフィンワックスを鍋に入れ、加熱して溶かし、顔料を混ぜ合わせる）、ホイッピングする。右写真のようにパン粉のような質感になるまで根気よく長く混ぜ続ける。このようにすると、後で半分にカットした際に断面が美しくなる。

5 4をスプーンで集め、ワックス同士を密着させるように手のひらでぎゅっと包んでアボカドの形にしていく。

6 中央辺りに指で穴をあける。

7 穴に3の種を入れ、穴をふさいで形を整える。断面を割ったとき種が中央にある方がリアルなので、右写真のように外から針をさして位置を確認するとよい。

■色をつける

8 本体着色用ワックス①〜③を用意する（パラフィンワックスとマイクロワックスをそれぞれ鍋に入れ、加熱して溶かし、顔料を混ぜ合わせる）。

9 ベースを色①に60〜65℃で4回ディッピングする。ディッピングした後は、その都度手のひらで包んで形を整える。

10 クッキングシートに、2種類の砂を混ぜておく。

11 9のベースを色②に60〜65℃で1回ディッピングし、直後に10の砂の上で転がし、手のひらで包んで形を整える。この作業をもう一度くり返す。

12 もう一度11を色②に60〜65℃で1回ディッピングし、手のひらで包んで形を整える。

13 さらに、色③に1回、色①に1回、色③に1回の順で60〜65℃でディッピングをくり返し、アボカドの皮特有の色合いと厚みを出す。ディッピング後はその都度手のひらで包んで形を整える。

■リアルな質感を出す

14 13の直後に、くしゃくしゃにしたアルミホイルを表面に押しつけ、凹凸模様をつける。

15 へたがつく上部を筆の後ろで凹ませる。

■芯をつけて仕上げる

16 15の直後にカッターで切り込みを入れる。このとき、中央に入っている種は切らないように気をつける（左写真）。切り込みを入れたら、左右両方を少しひねりながら切り離す（中写真）。種に余分なワックスがついていたらスプーンで削り取るとよい。

17 断面の上部の凹みの下部分に針で数カ所穴をあける。

18 穴をあけた部分に砂を入れ込み、指でならす。

19 砂のついた部分を半田ごてで少し溶かす。

20 種あり、種なしのどちらも、中央に針で芯穴をあけ（左写真）、芯を通して（中写真）、半田ごてでお尻部分の芯周りのワックスを少し溶かして固め、芯が動かないように固定する（右写真）。最後に芯を好みの長さに切る。

ビーツ

作品 P12
難易度 ★★☆

材料
ベース用ワックス	50g〈パラフィンワックス100％〉
本体と茎用ワックス	100g〈パラフィンワックス100％〉、顔料〈ピンク＋マゼンタ＋パープル＋レッド＋マロン＋ブラック〉
砂（濃淡２色）	／適量（砂の作り方はP29参照）
芯／蝋引きした三つ組プラス芯〈3×3＋2〉（蝋引きの仕方はP27参照）	

道具
はかり、鍋数個、IHヒーター、泡立て器、棒状温度計、スプーン、割り箸、クッキングシート、針、シリコンモールド、キッチンペーパー、半田ごて、はさみ、ドライヤー

＊火を灯すときは…
斜めに傾いた形なので、平らなお皿などにのせましょう。傾いている分、蝋垂れや溶け残りが多くなります。芯を約1cmに切り、灯している間はその場を離れないでください。

ベースを作る

1 ベース用ワックスを用意し（パラフィンワックスを鍋に入れ、加熱して溶かす）、IHヒーターからおろして、ホイッピングする。

2 1がある程度硬くなったら、スプーンで集めて手のひらで球体にする。

ベースに皮をつける

3 本体と茎用ワックスを用意し（パラフィンワックスを鍋に入れ、加熱して溶かし、顔料を混ぜ合わせる）、50gずつに分ける。

4 分けた3の一方を割り箸でホイッピングする。右写真のように液体と固体が混ざったとろとろとした状態がよい。

5 クッキングシートを敷き、4をのせる。

6 5のクッキングシートを半分に折り、手のひらで上から押さえて平らにする。

7 平らになったワックスの中央辺りに **2** の球体を置き、クッキングシートごとぎゅっと丸く握ってワックスをつける。時々中を確認して、球体の白い部分が見えなくなるまで何度も握る。

8 クッキングシートを外し、底部分を尖らせてビーツの形にする。このとき、上部はやや平らにする。

9 **3** で分けたもう一方のワックスを左写真のような低温のとろっとした状態でクッキングシートに横長に広げ（中写真）、すぐに **8** を転がして、側面と上部にまだらに色を重ねる。

■リアルな質感を出す

10 2種類の砂を混ぜ合わせ、**9** が温かいうちに全体にまぶし、軽くキッチンペーパーで包んで密着させる。

11 表面に針で所々線をつけ、皮の表情を出す。線は深くつけたり浅くつけたりして強弱をつけるとよい。

12 **11** の線の凹みに砂を入れ込む。このとき、さらさらとした小粒と大きめの粒を両方使って変化をつける。深い凹みに薄い色の砂を入れるといい表情になる。

13 針で中央に芯穴をあけ（左写真）、芯を通し（中写真）、半田ごてでお尻部分の芯周りのワックスを少し溶かして固め、芯が動かないように固定する（右写真）。後で茎も接着するため、芯は長めに残しておく。

■茎を作る

14 残っている本体と茎用ワックスを10g分集め、鍋に入れてもう一度溶かし、シリコンモールドに流し入れて、羊羹くらいの硬さになったら取り出す。

15 14を指で押さえながら平らに伸ばしてシート状にし、二つ折りにしてから（中写真）、さらに二つに折る（右写真）。

16 15の折り目をならすように、ぎゅっと手で握りながら伸ばして細い棒状にする。

17 16を二つに折って束ね、手で握りながら割れ目をならして、また飴細工のように伸ばす。硬くて作業しづらいときは、ドライヤーで温め柔らかく戻すとよい。

18 17の"折り束ねる、伸ばす"の作業をくり返し、約15cmの筋模様の入った茎にする。

19 端を切り落として、さらに5本に切り分ける。

20 5本の茎を、本体上部に1本ずつ軽く押しつけるように配置し、まわりを半田ごてで少し溶かして接着する。

21 20で溶かしたワックスが液状のうちに手早く、その上に砂を散らす。茎のまわりについた砂の一部は半田ごてで溶かす。溶かした部分はやや砂が黒くなり、湿った土のような雰囲気になる。

22 最後に芯を好みの長さに切る。

南瓜
（かぼちゃ）

作品 P13
難易度 ★★☆

材料

ベース用ワックス	100g〈パラフィンワックス100％〉
本体着色用ワックス①	50g〈パラフィンワックス100％〉、顔料〈イエロー＋マロン〉
本体着色用ワックス②	60g〈パラフィンワックス100％〉、顔料〈ブルー＋イエロー＋エバーグリーン＋マロン＋ブラック〉
へた用ワックス	5g〈パラフィンワックス100％〉、顔料〈マロン＋ブラック＋エバーグリーン＋オレンジ＋イエロー＋ホワイト〉
リキッドキャンドル	
芯／蝋引きした三つ組プラス芯〈4×3＋2〉（蝋引きの仕方はP27参照）	

道具
はかり、鍋数個、IHヒーター、泡立て器、棒状温度計、スプーン、筆（中筆）、ヒートガン、ティッシュペーパー、シリコンモールド、針、はさみ、真鍮ブラシ、半田ごて、ドライヤー

■ベースを作る

1 ベース用ワックスを用意し（パラフィンワックスを鍋に入れ、加熱して溶かす）、IHヒーターからおろしてホイッピングする。

2 1がある程度硬くなったら、スプーンで集めて球体にし、上下を凹ませて南瓜の形にする。

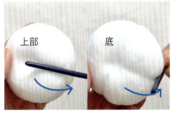

3 筆の柄を押し当てて凹ませ、12本の深い筋模様を入れる。球体であるため筋模様は一度で描けないので、写真のように途中で上下を逆にしてつける。

■色をつける

4 本体着色用ワックス①②を用意する（パラフィンワックスをそれぞれ鍋に入れ、加熱して溶かし、顔料を混ぜ合わせる）。

5 色①を、中筆を使って、65℃で南瓜全体に好みの濃さになるまで塗る。

6 色②を、中筆を使って、65℃で筋の部分以外に塗る。

7 さらに色②を、中筆を使って、55℃で筋の部分以外に塗る。好みの濃さ、質感になるまで数回重ねる。ワックスの温度が低くとろっとしているので、筆を押しつけるようにすると塗りやすい。

8 7の粗熱が取れたら、もう一度筆の柄でくっきりと筋をつけ直し、最終的に形を整える。

9 ヒートガン（Lowに設定）の熱を当てて側面と上部、下部を温め、少し表面を溶かす。

10 針で中央に芯穴をあけ（左写真）、芯を通して（中写真）、半田ごてでお尻部分の芯周りのワックスを少し溶かして固め、芯が動かないように固定したら（右写真）、完全に冷やす（冷蔵庫に入れてもよい）。後でへたをつけるので、芯は長めに残しておく。

11 リキッドキャンドルをティッシュペーパーに取り、全体を磨く。

■へたを作る

12 へた用ワックスを用意し（パラフィンワックスを鍋に入れ、加熱して溶かし、顔料を混ぜ合わせる）、シリコンモールドに入れて羊羹くらいの硬さになったら取り出す。

13 12を指で押さえながら平らに伸ばして二つ折りにし（中写真）、さらに二つに折る（右写真）。

14 13の折り目をならすように、ぎゅっと手で握りながら、伸ばして細い棒状にする。

15 14を二つに折り、手で握りながら割れ目をならして、また飴細工のように伸ばす。この"折り束ねる、伸ばす"をくり返し、筋模様の入った棒状にする。硬く作業しづらいときはドライヤーで温め柔らかくして作業する。

16 15から2cmほどを切り出し、へたの下部分になる方にやや膨らみを持たせ、リアルな形にする。

17 筆の柄で深く筋模様をつける。

18 中央に針で芯穴をあけ、上部を針で数カ所さし、真鍮ブラシで叩いて表情を出す。

56

■芯をつけて仕上げる

19 芯にへたを通し、半田ごてで接着する。最後に芯を好みの長さに切る。

ARRANGE

伯爵南瓜(はくしゃくかぼちゃ)

伯爵南瓜は、緑の南瓜の色や模様に変化をつけたもの。緑の南瓜の作り方を適宜参照するとよい。

材料　ベース用ワックス　　　　120g〈パラフィンワックス100%〉
　　　本体着色用ワックス①　　50g〈パラフィンワックス100%〉、顔料〈ホワイト+イエロー+マロン〉
　　　本体着色用ワックス②　　50g〈パラフィンワックス100%〉、顔料〈ホワイト+イエロー+ブルー+マロン+ブラック〉
　　　へた用ワックス　　　　　5g〈パラフィンワックス100%〉、顔料〈マロン+ブラック+エバーグリーン+オレンジ+イエロー+ホワイト〉
　　　芯／蝋引きした三つ組プラス芯〈4×3+2〉（蝋引きの仕方はP27参照）

■ベースを作る

1 ベース用ワックスを用意し（パラフィンワックスを鍋に入れ、加熱して溶かす）、IHヒーターからおろしてホイッピングして、ある程度硬くなったら手のひらで球形にする。上下は凹ませる。

2 筆の柄を押し当てて凹ませ、8本の深い筋模様を入れる。

■色をつける

3 本体着色用ワックス①②を用意する（パラフィンワックスをそれぞれ鍋に入れ、加熱して溶かし、顔料を混ぜ合わせる）。

4 まず、色①を55〜60℃で塗る。ワックスをつけた筆を押しつけるようにすると塗りやすい。塗ったら、手のひらで軽く包んで表面を整え、筋模様をもう一度つけ直す。

5 色②を60〜65℃で筋の凹み部分に塗り、続けて全体を塗る。好みの濃さになるまで塗り重ねる。その後、手で包んで表面を滑らかにする。浅くなった筋は適宜筆でつけ直し、底の丸みも出す。

■リアルな質感を出す

6 緑の南瓜と同じ要領で中央に芯を通し、完全に冷やす。その後、彫刻刀の平刀で筋の凹み以外の表面を下地の色①が消えない程度に浅く彫る。縦長に彫ったり、丸く掘ったりして動きを出すとよい。

7 ヒートガン（Lowに設定）の熱を当てて表面を少し溶かし、模様をなじませ、手のひらでワックスを密着させる。その後、写真のように真鍮ブラシで表面を叩き、ヒートガンの熱で少し溶かし、再度真鍮ブラシで叩く。最後に形を整える。

■へたを作る

8 へたの作り方は緑の南瓜とほぼ同じ。へたができたら、伯爵南瓜本体につけて完成（P56参照）。

栗 〈くり〉

作品 P14
難易度 ★★☆

材料

ベース用ワックス	15g〈パラフィンワックス100%〉、顔料〈ホワイト＋イエロー＋マロン〉
本体着色用ワックス①	100g〈パラフィンワックス95%＋マイクロワックス5%〉、顔料〈マロン＋ブラック（多め）＋レッド＋オレンジ＋パープル〉 ※本体着色用ワックス②よりも濃くダークな色にする
本体着色用ワックス②	100g〈パラフィンワックス95%＋マイクロワックス5%〉、顔料〈マロン＋ブラック＋レッド＋オレンジ（多め）＋パープル〉
砂（濃淡2色）	適量（砂の作り方はP29参照）
リキッドキャンドル	
芯／蝋引きした三つ組プラス芯〈3×3+2〉（蝋引きの仕方はP27参照）	

道具

はかり、鍋数個、IHヒーター、棒状温度計、シリコンモールド、ドライヤー、針、はさみ、真鍮ブラシ、クレイニードル、ヒートガン、筆（小筆）、ティッシュペーパー、半田ごて

ベースを作る

1 ベース用ワックスを用意し（パラフィンワックスを鍋に入れ、加熱して溶かし、顔料を混ぜ合わせる）、シリコンモールドに注いで羊羹くらいの硬さになったら取り出す。

2 1を手で丸めながら栗の形を作る。ドライヤーで温めながら、表面を滑らかにするとよい。

3 2が温かいうちに、針を表裏面に当てて浅く筋を入れる。

色をつける

4　3の底に針をさして手で持ち、用意した本体着色用ワックス①（パラフィンワックスとマイクロワックスを鍋に入れ、加熱して溶かし、顔料を混ぜ合わせる）に65℃で1回ディッピングする。先端についた余分なワックスは指で素早く拭き取る。

5　本体着色用ワックス②も用意し（パラフィンワックスとマイクロワックスを鍋に入れ、加熱して溶かし、顔料を混ぜ合わせる）、65℃で3〜4回ディッピングして色を重ねる。その都度、先端についた余分なワックスは指で素早く拭き取る。

6　針を抜き、上部はきゅっと引き上げ、裏の中央辺りは少し凹ませて形を整える。

リアルな質感を出す

7　栗の表裏面の下1/3程度の位置に針で線を引き、その下部分を真鍮ブラシで叩いてざらざら感を出す。線からややはみ出してもかまわない。

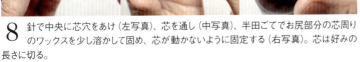

8　針で中央に芯穴をあけ（左写真）、芯を通し（中写真）、半田ごてでお尻部分の芯周りのワックスを少し溶かして固め、芯が動かないように固定する（右写真）。芯は好みの長さに切る。

9　8を冷ましてから、表裏面の下部分にクレイニードルで引っかきながら線をつける。深く彫ったり浅く彫ったりして強弱をつけるとリアルな表情が出る。

10 混ぜ合わせた 2 種類の砂を下部分の凹みに入れ込み、ヒートガン（Low に設定）の熱をかなり遠くから当てて軽く温めて接着する。9 ～ 10 の作業をくり返し、栗の下部分の風合いを出す。

11 7 でつけた線上に、小筆を使って所々色①を 80 ～ 90℃で塗り、一部の輪郭をくっきりとさせる。

12 上部の尖った部分を針で少し引っかき、その凹みに砂を入れ込む。

13 リキッドキャンドルをティッシュペーパーに取り、上部 2/3 を拭いて表面をきれいに整える。

ARRANGE

皮をむいた栗

下のワックスを用意し（パラフィンワックスを鍋に入れ、加熱して溶かし、顔料を混ぜ合わせる）、P58 の手順 1 を行い、その後、取り出したワックスを手で丸めて好みの形にする。表面は部分的に薄くカッターで削ぎ、角張ったところを作る。完全に冷ましてから、ディッピング用無色ワックスに 100℃でさっと 1 回ディッピングして光沢を出す。最後に針で芯穴をあけ、芯をさして半田ごてで芯が動かないように固定する。

ワックス／15g〈パラフィンワックス 100%〉、〈顔料ホワイト＋イエロー＋マロン〉
＊イエローを多めに入れて、黄色が鮮やかに出るように作る。

柿(かき)

作品 P15
難易度 ★★★

材料

ベース用ワックス	120g〈パラフィンワックス100%〉、顔料〈イエロー＋オレンジ＋マロン〉
ディッピング用無色ワックス	適量〈パラフィンワックス〉
本体着色用ワックス①	120g〈パラフィンワックス95%＋マイクロワックス5%〉、顔料〈イエロー＋オレンジ＋マロン〉
本体着色用ワックス②	120g〈パラフィンワックス95%＋マイクロワックス5%〉、顔料〈オレンジ＋レッド＋イエロー＋マロン〉
へた用ワックス	5g〈蜜蠟100%〉、顔料〈エバーグリーン＋イエロー＋マロン〉
へた着色用ワックス	20g〈パラフィンワックス95%＋マイクロワックス5%〉、顔料〈マロン＋ブラック＋レッド〉
リキッドキャンドル	
芯／蝋引きした三つ組プラス芯〈4×3＋2〉	
（蝋引きの仕方はP27参照）	

道具

はかり、鍋数個、IHヒーター、泡立て器、棒状温度計、スプーン、針、筆（小筆）、ティッシュペーパー、バット、クッキングシート、へたの型紙（厚紙で作る）、シリコンスプレー、はさみ、真鍮ブラシ、キリ、ヒートガン、ドライヤー、半田ごて

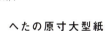

へたの原寸大型紙

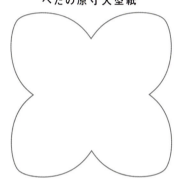

ベースを作る

1 ベース用ワックスを用意し（パラフィンワックスを鍋に入れ、加熱して溶かし、顔料を混ぜ合わせる）、表面に膜が張ってきたらホイッピングして、手で触れる温度になったらスプーンでかき集める。

2 1を手で包んで、上から見てやや四角い柿の形を作る。上部にはへたをのせるための深い凹みをつける。

3 ディッピング用無色ワックスを用意し（パラフィンワックスを鍋に入れ、加熱して溶かす）、スプーンを使って70℃でディッピングして、手のひらで形を整える。この作業を3回くり返し、その都度、手で包んで表面を滑らかにする。

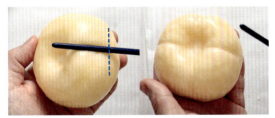

4 筆の柄を押し当てて、4本の筋をつける。4本とも上から半分の高さまでに留める。

■色をつける

5 本体着色用ワックス①②を用意する（パラフィンワックスとマイクロワックスを鍋に入れ、加熱して溶かし、顔料を混ぜ合わせる）。

6 スプーンを使って、色①に60〜65℃で全体を3回ディッピングする。

7 続けて、スプーンを使って、色②に60〜65℃で全体を2回ディッピングする。

8 さらに、濃く色をつけたい箇所のみ、色②に60〜65℃で角度を変えながらくり返しディッピングする。色むらができることでリアルな表情になる。

9 全体を手のひらで包み込んで形を整え、表面を滑らかにし、ディッピングをくり返して薄くなった筋や、中央のくぼみを深めにつけ直す。

10 リキッドキャンドルをティッシュペーパーに取り、表面を磨いて滑らかにする。完全に固まっていないうちは底部分が平らになりやすいので、もう一度形を確認し、底が平らになっていれば丸みを出し、高さも維持する。

■へたを作る

11 バットの裏にシリコンスプレーを吹きかけ、クッキングシートを貼りつける。

12 へた用ワックスを用意する（蜜蝋を鍋に入れ、加熱して溶かし、顔料を混ぜ合わせる）。少量なので、急に温度が上がらないようIHヒーターは低温でゆっくり溶かす。溶けたら11のクッキングシートに80℃で流し広げる（平らなので思わぬ方向に流れない）。

13 12がある程度固まってきたら、クッキングシートからはがし取る。温か過ぎるうちにはがすと割れやすいので気をつける。

14 厚紙でへたの型紙を作り、13を重ねて余分をはさみで切り落とす。硬いときはドライヤーで少し温め、柔らかく戻すとよい。

15 14に、キリまで深く引っかくようにして葉脈を描く。真っすぐな線の間に、時々斜めの線を交ぜるとリアルな表情になる。

16 へた着色用ワックスを用意し（パラフィンワックスとマイクロワックスを鍋に入れ、加熱して溶かし、顔料を混ぜ合わせる）、15を持つ方向を変えながら95～100℃で1～2回ディッピングする。余分についたワックスは指で素早く拭き取る。

17 へた着色用ワックスが葉脈の凹みにしっかり入るよう指のはらで押さえる。へたが厚いと感じた場合は、少し押しながら薄く伸ばす。

18 へた全体を真鍮ブラシで叩き（左写真）、ヒートガン（Lowに設定）の熱を遠くから少しだけ当てて温め（右写真）、表面に細かい凹凸感を出す。

19 4枚のへたの境目に、はさみで5mmほどの切り込みを入れる。

20 尖ったへたの先端と本体の筋の位置を合わせ、へたをぐっと押し込むようにして合体する。

21 尖ったへたの先端にもはさみで少し切り込みを入れ、動きを出す。へたが硬いときは少しドライヤーで温め、柔らかく戻して作業する。

22 へたの中央に小筆の後ろで二重丸を描く。深く描き過ぎると、下の柿の色が透けてしまうので気をつける。

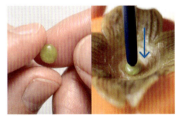

23 残ったへた用ワックスを丸めて小さい球体を作り、22にのせて、小筆の後ろでぐっと押す。

24 へた着色用ワックスを、小筆を使って、90℃で23でのせた丸い球に塗る。凹みにもワックスをしっかり入れる。

25 さらに、本体着色用ワックス①、または②をへたの根本に所々塗り、奥行感を出す。

芯をつけて仕上げる

26 針でへたの中央から芯穴をあけ（左写真）、芯を通し（中写真）、半田ごてでお尻部分の芯周りのワックスを少し溶かして固め、芯が動かないように固定する（右写真）。最後に芯を好みの長さに切る。

デコポン

作品 P16
難易度 ★★☆

材料
ベース用ワックス	120g〈パラフィンワックス100%〉
本体着色用ワックス①	120g〈パラフィンワックス95%＋マイクロワックス5%〉、顔料〈オレンジ（多め）＋イエロー＋マロン〉 ※②よりオレンジを強くしてダークに
本体着色用ワックス②	120g〈パラフィンワックス95%＋マイクロワックス5%〉、顔料〈オレンジ＋イエロー（多め）＋マロン〉 ※①よりイエローを強くして明るく
へた用ワックス	5g〈蜜蝋100%〉、顔料〈エバーグリーン＋イエロー＋マロン＋ブラック〉
芯／蝋引きした三つ組プラス芯〈4×3＋2〉（蝋引きの仕方はP27参照）	

道具
はかり、鍋数個、IHヒーター、泡立て器、棒状温度計、スプーン、キリ、針、キッチンペーパー、真鍮ブラシ、ヒートガン、クッキングシート、はさみ（先細）、半田ごて

▎ベースを作る

1 ベース用ワックスを用意し（パラフィンワックスを鍋に入れ、加熱して溶かす）、ホイッピングして、手で触れる温度になったらスプーンで集める。

2 1を手で握って球体にし、中央に凹みをつける。

▎色をつける

3 本体着色用ワックス①②を用意する（パラフィンワックスとマイクロワックスを鍋に入れ、加熱して溶かし、顔料を混ぜ合わせる）。

4 スプーンを使って、2を色①に60～65℃で5回ディッピングする。その都度、底に垂れた余分なワックスを指で素早く拭き取り、手のひらで包んで形を整える。

5 続けて、スプーンを使って、色②に60～65℃で2回ディッピングし、その都度形を整える。

リアルな質感を出す

6 5の表面に、キリでたくさんの穴をあける。

7 スプーンを使って、6を色②に60〜70℃で1回ディッピングし、全体をキッチンペーパーで包んでその凹凸模様を写す。

8 左写真のように指で押しながら、上の突出部分を作る。底は右写真のようにやや凹ませてデコポンの形に近づける。

9 8の粗熱が取れたら(温か過ぎると以下の工程で質感に変化が生まれない)、全体を真鍮ブラシで叩く。

10 続けて、真鍮ブラシを縦方向にぐっと強く押しつけながら、皮の下にある房の形が浮き出たような凹凸を作る。

11 上の突出部分に針で筋をつける。

12 ヒートガン(Lowに設定)の熱を当て、全体を少し温めて溶かし、凹凸感を出す。

13 9、10、12の作業をあと2回くり返すと、写真のようなよりデコポンらしい質感が再現できる。

14 中央に針で芯穴をあけ(左写真)、芯を通して(中写真)、半田ごてでお尻部分の芯周りのワックスを少し溶かして固め、芯が動かないように固定する(右写真)。

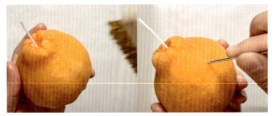

15 14が冷めて固まったら、真鍮ブラシで部分的に表面を叩いて白い部分を作り（左写真）、所々に針をさして穴をあけて表情を出す（左写真）。

へたを作る

16 へた用ワックスを用意し（蜜蝋を鍋に入れ、加熱して溶かし、顔料を混ぜ合わせる）、70〜80℃でクッキングシートに垂らして、その一部をちぎり取る。

17 16を指先で丸めた後、写真のように先端を尖らせ、下部分を広げてへたの形に近づける。

18 へたの先端を先細のはさみで切り落とし（左写真）、下部分は星形に切る。

19 18の中央に針をさして芯穴をあけ（左写真）、デコポン本体についている芯を通す（中写真）。さらにへたの一部を半田ごてでほんの少し溶かし、本体に接着する（右写真）。最後に芯を好みの長さに切る。

桃
もも

作品 P17
難易度 ★★☆

材料

ベース用ワックス	115g	〈パラフィンワックス100%〉、顔料〈ホワイト＋イエロー＋マロン〉
ディッピング用無色ワックス	適量	〈パラフィンワックス100%〉
本体着色用ワックス①	60g	〈パラフィンワックス100%〉、顔料〈ホワイト＋イエロー＋マロン〉
本体着色用ワックス②	60g	〈パラフィンワックス100%〉、顔料〈ピンク＋レッド＋オレンジ＋マゼンタ＋マロン〉
本体着色用ワックス③	60g	〈パラフィンワックス100%〉、顔料〈ピンク＋レッド＋マゼンタ＋マロン（多め）＋ブラック（多め）＋ホワイト〉
へた着色用ワックス	5〜10g	〈パラフィンワックス100%〉、顔料〈マロン＋ブラック〉

芯／蝋引きし、座金をつけた三つ組プラス芯〈4×3＋2〉
（蝋引きの仕方、座金のつけ方はP27参照）

道具

はかり、鍋数個、IHヒーター、泡立て器、棒状温度計、スプーン、筆（中筆・小筆）、ヒートガン、ドライヤー、針、真鍮ブラシ、はさみ

■ベースを作る

1 ベース用ワックスを用意し（パラフィンワックスを鍋に入れ、加熱して溶かし、顔料を混ぜ合わせる）、ホイッピングする。

2 1をスプーンで集めて球体を作り、上下を少し凹ませて桃の形にする。

3 ディッピング用無色ワックスを用意し（パラフィンワックスを鍋に入れ、加熱して溶かす）、スプーンを使って2を70℃で2〜3回ディッピングする。その都度手のひらで包み形を整え、表面を滑らかにする。

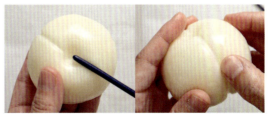

4 3の側面2カ所に、筆の柄の部分を押し当てて凹みを作る。固まるまでは変形しやすく、特に底部分が平らになりやすいので、ここでも手のひらで包んで形を整え、丸みを維持するとよい。

■色をつける

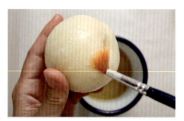

5 本体着色用ワックス①②③を用意する（パラフィンワックスを鍋に入れ、加熱して溶かし、顔料を混ぜ合わせる）。

6 4の粗熱が取れたら、中筆を使って、色①を底から1/3くらいまで60℃で塗る。バンバンと筆を押しつけるようにしたり、筆先をくるくる回しながら塗って色むらを作ると表情が出る。

7 続けて、色②をまだ塗っていない上部から2/3部分に60℃で塗る。塗り方は6と同様にして色むらを出す。

8 さらに、色③を7で塗った部分の上半分に60℃で塗る。6と同様にあえて色むらを出して本物らしい表情を出す。

9 手のひらでぎゅっと包み、塗ったワックスをしっかりと密着させる。

10 色を自然になじませるために、色①と色②の境目、色②と色③の境目それぞれに遠くからヒートガン（Lowに設定）の熱を当て、温めて少し溶かす。風を下から上（色①から色②、また色②から色③）の方向に当てるとよい。

11 もう一度手のひらでぎゅっと包み、10でできた表面の段差を落ち着かせ、ワックスを密着させる（左写真）。上下の凹みや筋模様が浅くなっていたらつけ直す（右写真）。

■リアルな質感を出す

12 針で中央に芯穴をあけ（左写真）、座金つきの芯を取りつける（右写真）。

13 12の粗熱が取れたら、真鍮ブラシで表面全体を叩き、桃の産毛のような白っぽさを出す。粗熱を早く取りたいときは、ドライヤーの冷風を当てるか、冷蔵庫に数分入れるとよい。

14 ディッピング用無色ワックス（3で使用したもの）に70℃でさっと1回ディッピングし、手のひらで包んで表面を滑らかにする。13、14の作業で、本物らしい白く曇った擦りガラスのような表情が出る。

15 14の粗熱が取れたら、もう一度真鍮ブラシで表面を叩いて、産毛の白っぽさをさらに出す。

16 ヒートガン（Lowに設定）の熱を遠くから当て、ほんの少しだけ全体を温めて細かい凹凸を出す。

17 16の粗熱が取れたら、さらに真鍮ブラシで表面を叩く。色の濃い部分を多めに叩いて、より白っぽさを出すとリアルな表情になる。

18 へた着色用ワックスを用意し（パラフィンワックスを鍋に入れ、加熱して溶かし、顔料を混ぜ合わせる）、小筆を使って、好みの長さに切った芯とその周りの凹みを80～85℃で塗る。

/ ARRANGE \

熟れ具合の違う桃

作り方の手順は同じ。熟れた表情を出したいときは本体着色用ワックスの濃い色の面積を多めに、反対に若い表情にしたいときは薄い色の面積を多くする。場所によって濃淡のつけ方を替えるとまた雰囲気が変わる。

キャンドルを並べてひと休み

炎のゆらぎに癒される

まだ家族が寝ている早朝に
ひとり炎を見つめるのが好きです。
それは、一定なようであって
実は不規則な1/fのゆらぎ。
一日を心静かに始めるための時間を
大切にしています。

ゆらりと揺れる影

夜は、時折、
天井の照明を消してみます。
キャンドルの炎だけに包まれて
床や壁に躍る
そのシルエットを眺めるのです。

アンティーク色の落ち着き

キャンドル作りの楽しみのひとつは色。
濃く、あるいは淡くくすんだ、
心落ち着く大人色。
無造作に転がせば、まるでパレットのよう。

カリフラワー

作品 P18
難易度 ★★★

材料
茎と花用ワックス　100g（茎：16g・花：84g）
　　　　　　　　　〈パラフィンワックス50%＋蜜蝋50%〉、
　　　　　　　　　顔料〈ホワイト（多め）＋マロン＋イエロー〉
リキッドキャンドル
芯／蝋引きした三つ組プラス芯〈3×3＋2〉（蝋引きの仕方はP27参照）

道具
はかり、鍋数個、IHヒーター、棒状温度計、シリコンモールド、ドライヤー、はさみ（先細）、針、バット、半田ごて、ティッシュペーパー、割り箸、ヒートガン、真鍮ブラシ

■茎を作る

1 茎と花用ワックスを用意し（パラフィンワックスと蜜蝋を鍋に入れ、加熱して溶かし、顔料を混ぜ合わせる）、100gのうち茎用の16gをシリコンモールドに注ぐ。外周（5〜7mm程度）の色が変わってきたら取り出す。

2 1を指で押さえながら、1枚のシート状にする。硬い場合は、ドライヤーで温めながら行う。

3 2を二つ折りにし、それを丸めて筒状にしてから、ぎゅっと手で握りながら伸ばして細長い棒状にする。このとき、硬い部分（特に両端は硬くなりやすい）はドライヤーで温め、柔らかさを均一にして作業する。

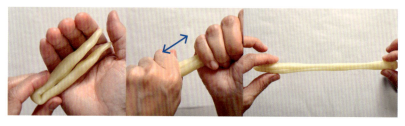

4 3を二つに折って束ねたら、ぎゅっと手で握りながら割れ目をならし、飴細工のように伸ばす。この"折り束ねる、伸ばす"の作業をもう一度くり返し、1本の細長い茎にする。

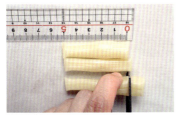  

5 4の両端をはさみ(先細)で切り落とした後、長さ5cm程度になるよう3本に切り分ける。

6 5にまず縦に深くはさみを入れて4本の切り込みを作り(左写真)、さらにそれぞれに半分くらいの深さの切り込みを入れる(中写真)。同じものを3本作る(右写真)。

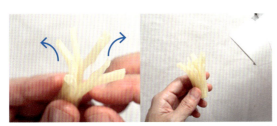 

7 切り分けた枝を手で少し外側に傾け、動きを出す。硬い場合はドライヤーで温めてから行う。残りの2本も同じようにする。

8 できた3本の茎を束ね、バランスを見ながらもう一度枝の動きを調整する。

9 8に針をさし、針部分を持って、茎の下半分くらいを70〜80℃のワックス(残っている茎と花用ワックス)に3回ディッピングする。その後針を抜く。

10 茎の側面に針で筋を何本かつける。

11 バットをIHヒーターで8秒ほど加熱した後(左写真)、加熱を止めて裏側に返し、余熱があるうちに10の底部分を当てて、少し溶かして平らに整える(右写真)。

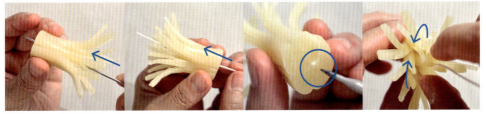

12 中心に針をさして芯穴をあけ(左写真)、底側から芯を通して(左から2番めの写真)半田ごてでお尻部分の芯周りのワックスを少し溶かして固め、芯が動かないように固定する(右から2番めの写真)。芯のまわりに枝分かれした茎を数本集めておく(右写真)と、燃焼時に火が消えにくくなる。

13 リキッドキャンドルをティッシュペーパーに取り、茎の太い部分の側面を磨く。その後、冷蔵庫に数分入れて完全に冷やす。

■花を作ってつける

14 鍋に残ったワックスの表面に膜が張り始めたら（すでに固まっていたら、再度加熱して溶かし直し、膜が張るまで待つ）、割り箸で軽くホイッピングする。クリーミーな液状になったら、房が分かれて見えるよう、各枝それぞれの上にのせる（右写真）。

15 手で触って表面に丸みを出す。芯のまわりは写真のようにワックスを多めにのせ、反対に、外側の細い枝はのせたワックスの重みで変形しないよう、あまり多くのせないようにするとよい。

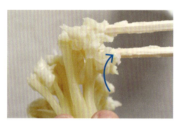

16 15を逆さまにして持ち、枝の裏側にもワックスをつける。

17 16の上部に遠くからヒートガン（Lowに設定）の熱を軽く当てて少し溶かし、花を茎にしっかり接着する。逆さまにして裏側も同様に温めるが（右写真）、温め過ぎると枝が変形するので気をつける。

18 逆さまにしたまま裏側にドライヤーの冷風を当ててしばらく冷やし、枝部分の熱が落ち着き変形しなくなるまで待って、その後冷蔵庫に入れ完全に冷やす。

19 針で上部に穴をあけ、真鍮ブラシでやさしく叩いて表情を出す。小枝部分は折れないように指で押さえて叩くとよい。最後に芯を好みの長さに切る。

パプリカ

作品 P19
難易度 ★★☆

材料

ベース用ワックス	120g〈パラフィンワックス100%〉、顔料〈ホワイト+イエロー+マロン〉
ディッピング用無色ワックス	適量〈パラフィンワックス100%〉
本体着色用ワックス①	120g〈パラフィンワックス95%+マイクロワックス5%〉、顔料〈レッド+オレンジ+マロン+ブラック+ホワイト〉
本体着色用ワックス②	5〜10g〈パラフィンワックス100%〉、顔料〈ホワイト〉
へた用ワックス	5g〈パラフィンワックス100%〉、顔料〈エバーグリーン+イエロー+マロン〉
へた着色用ワックス①	5〜10g〈パラフィンワックス100%〉、顔料〈マロン+ブラック〉
へた着色用ワックス②	5〜10g〈パラフィンワックス100%〉、顔料〈ホワイト+マロン〉
リキッドキャンドル	
芯／蝋引きした三つ組プラス芯〈3×3+2〉（蝋引きの仕方はP 27参照）	

道具

はかり、鍋数個、IHヒーター、泡立て器、棒状温度計、スプーン、筆（小筆）、ティッシュペーパー、針、半田ごて、シリコンモールド、はさみ、ドライヤー、クレイニードル、真鍮ブラシ

■ベースを作る

1 ベース用ワックスを用意し（パラフィンワックスを鍋に入れ、加熱して溶かし、顔料を混ぜ合わせる）、表面に膜が張ってきたらホイッピングする。

2 1をスプーンで集め、手のひらで包んで縦長のパプリカの形を作る。上部は凹ませる。

3 ディッピング用無色ワックスを用意し（パラフィンワックスを鍋に入れ、加熱して溶かす）、2を70℃でディッピングして手のひらで形を整える。この作業を3回くり返して表面を滑らかにする。

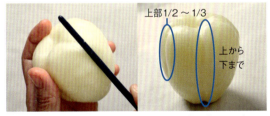

4 筆の柄を3の側面に押しつけて6本の筋を作る。3本は下までしっかりと。残りの3本は上から高さ1/2〜1/3程度まで筋をつける。

■色をつける

5 本体着色用ワックス①を用意し（パラフィンワックスとマイクロワックスを鍋に入れ、加熱して溶かし、顔料を混ぜ合わせる）、60〜65℃で4を4回ディッピングする。その都度形を整え、余分についたワックスは指で素早く拭き取る。浅くなった筋や中央の凹みは深めにつけ直す。

■ リアルな質感を出す

6 上部の形を整える。まず5を逆さまに持ち、上部を平らな面に押しつけて上部の膨らみを取る。へたがつく箇所の凹みは、指で押して中心に向かって下がっていく感じを出す。

7 下部の形も整え、くぼみをしっかりと出す。

8 表面に90〜95℃の本体着色用ワックス②で、縦方向の筋を描く(皮にうっすら見える筋。火を灯すと浮かび上がる)。小筆を使うが、線は多少太くてもよい。

9 さらに、本体着色用ワックス①に60〜65℃で3回ディッピングし、8の筋に色を少しかぶせる。

  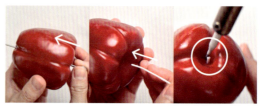

10 もう一度形を整える。側面は部分的に手のひらで押さえて凹ませ、リアルな表情を出す。

11 リキッドキャンドルをティッシュペーパーに取り、きれいに拭いて表面を滑らかにする。

12 針で中央に芯穴をあけ(左写真)、芯を通して(中写真)、半田ごてでお尻部分の芯周りのワックスを少し溶かして固め、芯が動かないように固定する(右写真)。へたがつくので芯は長めに残しておく。その後、完全に冷ます。

■ へたを作る

13 ヘタ用ワックスを用意し(パラフィンワックスを鍋に入れ、加熱して溶かし、顔料を混ぜ合わせる)、シリコンモールドに入れて、羊羹くらいの硬さになったら取り出す。

14 13を1枚のシート状にし、二つ折りにしてから、さらに二つに折る。

15 14の折り目をならすように手でぎゅっと握りながら、伸ばして細い棒状にする。

16 15を折って束ね、手でぎゅっと握りながら割れ目をならして、飴細工のように伸ばす。この"折り束ねる、伸ばす"をくり返し、筋模様の入った1本の棒にする。

17 16を約2〜3cmに切り、一方の端を広げて（中写真）、広げた部分に筆の柄で筋をつけて模様を作る（右写真）。

18 広げた下部分の周囲を、はさみで七角形のような形に切り（左写真）、角を指でつまみ、少し尖らせる（中写真）。硬い状態で切ると割れてしまうので、ドライヤーで少し温めて柔らかくするとよい。

19 上部の中心部をクレイニードルの後ろで押して凹ませ（左写真）、針でさして小さな穴をあけ（中写真）、さらに真鍮ブラシで叩いて表情を出す（右写真）。

20 下部分に、クレイニードルで深く1周線を描く。

21 針でへたの中央に芯穴をあけ（左写真）、本体についている芯を通したら（中写真）、芯のまわりやへたの一部を少し半田ごてで溶かして固め、接着する（右写真）。へたは少し浮き気味につけるとよい。

ARRANGE

黄色いパプリカ

作り方は赤いパプリカと同じ。本体着色用ワックスの顔料を以下に替える。

黄色いパプリカ…顔料〈イエロー＋オレンジ＋ホワイト＋マロン〉
※顔料の配合を変え、オレンジの量を多くすると、オレンジ色のパプリカになる。

22 へた着色用ワックス①②を用意し（パラフィンワックスを鍋に入れ、加熱して溶かし、顔料を混ぜ合わせる）、小筆を使って18で尖らせた角の部分に80〜85℃の色①を（中写真）、上部には80〜85℃の色②を少し塗って深みを出す（右写真）。最後に芯を好みの長さに切る。

レモン

作品 P20
難易度 ★★★

材料（半分に割ったもの1個分）
ベース用ワックス　　50g〈パラフィンワックス100%〉
果肉着色用ワックス①　120g〈パラフィンワックス95%＋マイクロワックス5%〉、
　　　　　　　　　　　顔料〈イエロー＋蛍光イエロー＋マロン＋ブラック〉
果肉着色用ワックス②　120g〈パラフィンワックス95%＋マイクロワックス5%〉、
　　　　　　　　　　　顔料〈イエロー＋蛍光イエロー＋マロン＋ブラック＋オレンジ〉
皮着色用ワックス①　　120g〈パラフィンワックス95%＋マイクロワックス5%〉、
　　　　　　　　　　　顔料〈ホワイト＋マロン＋イエロー〉
皮着色用ワックス②　　120g〈パラフィンワックス95%＋マイクロワックス5%〉、
　　　　　　　　　　　顔料〈イエロー＋蛍光イエロー＋マロン＋ブラック〉
皮着色用ワックス③　　5～10g〈パラフィンワックス100%〉、顔料〈ホワイト〉
芯／蝋引きし、座金をつけた三つ組プラス芯〈3×3＋2〉
（蝋引きの仕方と座金のつけ方はP27参照）

道具
はかり、鍋数個、IHヒーター、
泡だて器、スプーン、棒状温度計、
バット、クッキングシート、針、
果肉の粒の型紙（厚紙で作る）、
キッチンペーパー、真鍮ブラシ、
筆（小筆）、はさみ

果肉の粒の原寸大型紙

2つ折りする

■ベースを作る

1 ベース用ワックスを用意し（パラフィンワックスを鍋に入れ、加熱して溶かす）、IHヒーターからおろして、表面に膜が張ってきたらホイッピングする。

2 1がある程度硬くなったらスプーンで集め、手のひらで包んで半球体にする。断面部分は平らな場所（バットの裏側などにクッキングシートを敷く）に押しつけ、できるだけきれいな平らにする。

3 針で中央に芯穴をあけ、座金つき芯（やや長めの約8㎝）をつける。

果肉に色をつける

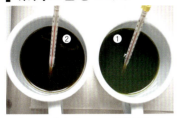 

4 果肉着色用ワックス①②を用意する（パラフィンワックスとマイクロワックスを鍋に入れ、加熱して溶かし、顔料を混ぜ合わせる）。

5 芯を持ち、色①に65〜70℃で3回、色②にその後65〜70℃で1回ディッピングする。色を重ねることで奥行のある色合いになる。底についた余分なワックスは、指で素早く拭き取る。

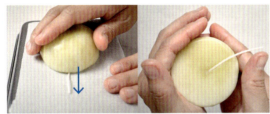

6 バットの上にクッキングシートを敷き、5の芯を倒した状態でレモンの断面を押しつけて平らにする。その後、手のひらで包んで側面の形を整える。

果肉の粒の質感を出す

7 ワックスが温かいうちに芯を起こし（左写真）、6で芯を倒したときに断面についた線の跡を基準にして、断面を8分割するように、針を押し当てて深く線をつける。これで房が8個のレモンになる（右写真）。

8 7の房ひとつひとつの両角を軽く指でつまみ、丸みを出す。

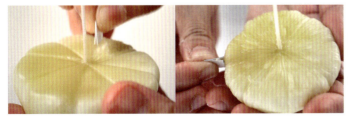

9 果肉の粒の型紙（P78の要領で折ったもの）を、スタンプを押すように素早く断面に押しつけ、果肉の粒模様をつける。模様の配置はある程度規則的にして、所々深くしたり浅くしたりして強弱をつけると本物らしくなる。縁にもしっかりと模様をつける。型紙は変形してきたら新しいものに交換する。

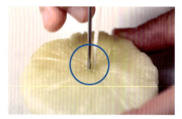

10 芯の周辺部に針を数カ所さして穴をあける。

11 盛り上がった断面を指のはらで全体的にぐっと押さえ、平らにする。

12 11の作業で果肉の粒模様が薄くなるので、もう一度型紙を使って追加する。

皮に色をつけて仕上げる

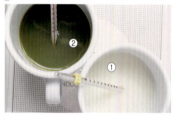

13 皮着色用ワックス①②を用意する（パラフィンワックスとマイクロワックスを鍋に入れ、加熱して溶かし、顔料を混ぜ合わせる）。

14 芯を持ち、色①に60℃で皮部分（側面）のみを数回ディッピングする。左写真のようにやや傾けながら、各方面を順番に浸す。縁の果肉部分に少しだけかぶった白い部分は、果肉を包む房の皮になる（右写真）。

15 芯を持ち、続けて色②を同様の手順でディッピングする。14でつけた縁の白い皮部分にはあまりかぶらないようにする。これがレモンの表皮になる。底についた余分なワックスは指で拭き取る。

16 15をキッチンペーパーで包んで、その凹凸模様を皮に写して柑橘特有の雰囲気を出す。

17 手のひらで包んで形を整える。固まるまでは底が平らになりやすいので、ここでもう一度丸みを出すとよい。必要であれば、果肉部分の縁に型紙を使って粒模様を足す（右写真）。

18 粗熱が取れたら、表皮全体を真鍮ブラシで叩く。縁の皮も同じように叩く。芯は好みの長さに切る。

19 皮着色用ワックス③を用意し（パラフィンワックスを鍋に入れ、加熱して溶かし、顔料を混ぜ合わせる）、小筆を使って、100℃で芯周囲にあけた穴部分と、8等分した房の線上に塗る。

ARRANGE

丸ごとレモン

皮の質感の出し方は、真鍮ブラシで筋をつけたり叩いたりするなど、デコポン（P64）と類似。本体とへたは別々に作って合体させる。

材料

ベース用ワックス	80g〈パラフィンワックス100%〉、
本体着色用ワックス	120g〈パラフィンワックス95％＋マイクロワックス5％〉、顔料〈イエロー＋蛍光イエロー＋マロン＋ブラック〉
へた用ワックス	5g〈蜜蝋100％〉、顔料〈エバーグリーン＋イエロー＋マロン〉
へた着色用ワックス①	5～10g〈パラフィンワックス100％〉、顔料〈マロン＋ブラック＋オレンジ〉
へた着色用ワックス②	5～10g〈パラフィンワックス100％〉、顔料〈ホワイト＋マロン〉
砂／適量（濃い色）	
芯／蝋引きした三つ組プラス芯〈3×3＋2〉	

先端A

先端B

レモン本体を作る

1. ベース用ワックスを用意して（パラフィンワックスを鍋に入れ、加熱して溶かす）、ホイッピングし、ある程度硬くなったら手のひらで包んでレモンの形にする。片方の先端は尖らせ、中央部分にクレイニードルの先でひとつ穴をあける（A側）。もう一方の先端も尖らせ、中央部分にクレイニードルの後ろを押し当てて少し凹みを作る（B側。ここにへたがつく）。
2. 本体着色用ワックスに60℃で3～5回ディッピングして、形を整える。
3. 粗熱が取れたら、真鍮ブラシをぐっと押しつけて縦方向に少し凹凸を作り、さらに全体を叩いて表情を出す。その後ヒートガン（Lowに設定）で少し温める。この作業を好みの質感になるまでくり返す。
4. 中央に芯穴をあけ、芯を通して半田ごてで芯が動かないように固定し、完全に冷ます。

先端Aを作る

先端（A側）の穴をあけた部分に砂を入れ、遠くからヒートガン（Lowに設定）の熱をほんの少し当てて接着する。

先端Bを作る

1. へた用ワックスを用意し（蜜蝋を鍋に入れ、加熱して溶かし、顔料を混ぜ合わせる）、クッキングシートに70～80℃で垂らし、一部をちぎって丸めてへたの形にする。
2. へたの上部を少し切り、その断面を針でさす。
3. へた全体を真鍮ブラシで叩いて表情を出す。
4. 3を凹みのあるレモンの先端（B側）につけ、半田ごてで接着する。
5. へたの周囲にへた着色用ワックス①を、へたの断面にはへた着色用ワックス②を、それぞれ80～85℃で塗る。

仕上げる

表面全体に針を浅くさし、軽くヒートガン（Lowに設定）の熱を当てて温める。

ライチ

作品 P21
難易度 ★★★

材料（皮つき・皮なし各1個分）

ベース用ワックス	40g（2個分）〈パラフィンワックス100%〉
皮つきライチ着色用ワックス①	60g〈パラフィンワックス95%＋マイクロワックス5%〉、顔料〈レッド＋オレンジ＋パープル＋マロン＋ブラック〉
皮つきライチ着色用ワックス②	60g〈パラフィンワックス95%＋マイクロワックス5%〉、顔料〈レッド＋マゼンタ＋マロン＋ブラック〉
皮なしライチ着色用ワックス	5〜10g〈パラフィンワックス100%〉、顔料〈マロン＋ブラック＋オレンジ〉

芯／蝋引きした三つ組プラス芯〈3×3＋2〉（蝋引きの仕方はP27参照）

道具

はかり、鍋数個、IHヒーター、棒状温度計、スパチュラ、ドライヤー、針、ヒートガン、筆（中筆、小筆）、クレイニードル、真鍮ブラシ、半田ごて、はさみ

■ベースを作る

1 ベース用ワックスを用意し（パラフィンワックスを鍋に入れ、加熱して溶かす）、IHヒーターからおろして、しばらく固めて、羊羹くらいの硬さになったらスパチュラでこそぎ取る。

2 1を2等分し、それぞれを丸めて球体にする。ドライヤーで温めながら、徐々にライチの形に近づける（1個は皮なし、もう1個は皮つきのライチになる）。

■皮つきライチを仕上げる

3 皮つきライチ着色用ワックス①②を用意する（パラフィンワックスとマイクロワックスを鍋に入れ、加熱して溶かし、顔料を混ぜ合わせる）。

4 2のうち一方を冷まし、中筆で色①を全体に55℃で何度も何度も塗り重ね、厚みを出す。筆を押しつけるようにすると塗りやすい。

5 続けて、全体に色②を60℃で塗り重ねる。時々筆をグルグル回しながら塗ると、部分的に擦れたような質感が出る。

6 上部に筆の後ろを押し込み、凹みを作る。

7 時間を空けずに、手早くクレイニードルで写真のように上部から順に模様をつける。針先を深く入れ、引っかくようにするとよい。途中で硬くなったらドライヤーで少し温めて柔らかく戻す。模様はできるだけ触らない方がよいが、触って消えてしまった場合はもう一度つけ直す。

8 全体を真鍮ブラシで叩く。強く叩き過ぎると模様を潰してしまうので気をつける。

9 遠くからヒートガン（Lowに設定）の熱を当てて、少し温める。

10 好みの質感になるまで、8〜9の"真鍮ブラシで叩く、ヒートガンで温める"作業をくり返す。全体を見て模様が薄くなっている部分があったらつけ直す。

11 中央に針で芯穴をあけ（左写真）、芯をさして（中写真）、半田ごてでお尻部分の芯周りのワックスを少し溶かして固め、芯が動かないように固定する（右写真）。芯は好みの長さに切る。

12 芯の上部に小筆で色①②を80〜85℃で塗る。

■皮なしライチを仕上げる

13 2で作った丸いベースを用意し、上部に筆の柄の後ろを当てて凹みを作り、側面には筆の柄を当てて筋をつける。

14 13で作った凹みの周囲を針でさす。

15 皮なしライチ着色用ワックスを用意し（パラフィンワックスを鍋に入れ、加熱して溶かし、顔料を混ぜ合わせる）、上部の凹みの周囲と筋部分を80〜85℃で塗る。

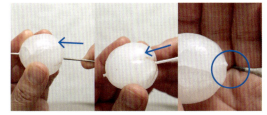

16 中央に針で芯穴をあけ（左写真）、芯をさして（中写真）、半田ごてでお尻部分の芯まわりのワックスを少し溶かして固め、芯が動かないように固定する（右写真）。最後に芯を好みの長さに切る。

ARRANGE

半分皮だけライチ

「皮なしライチ」の作り方でライチを作り（芯もつけておく）、その後、下半分くらいを「皮ありライチ」と同様の方法で塗り、模様と質感を出す。最後に、皮の縁を1周カッターでまっすぐに浅く切り、果肉部分とのがたつきを整える（果肉まで切らないよう気をつける）。

マンゴー

作品 P22
難易度 ★ ☆ ☆

材料

ベース用ワックス	150g〈パラフィンワックス100%〉、顔料〈イエロー+オレンジ+マロン〉
ディッピング用無色ワックス	適量〈パラフィンワックス100%〉
本体着色用ワックス①	150g〈パラフィンワックス95%+マイクロワックス5%〉、顔料〈イエロー+オレンジ+ブラック〉
本体着色用ワックス②	150g〈パラフィンワックス95%+マイクロワックス5%〉、顔料〈レッド+オレンジ+ブラック〉
へた着色用ワックス①	5〜10g〈パラフィンワックス100%〉、顔料〈マロン+ブラック+オレンジ〉
へた着色用ワックス②	5〜10g〈パラフィンワックス100%〉、顔料〈エバーグリーン+イエロー+マロン+ブラック〉
リキッドキャンドル	
砂(無色)	適量(砂の作り方はP29参照)
芯	蝋引きし、座金をつけた三つ組プラス芯〈3×3+2〉(蝋引きの仕方、座金のつけ方はP27参照)

道具

はかり、鍋数個、IHヒーター、泡立て器、スプーン、棒状温度計、ヒートガン、針、ティッシュペーパー、真鍮ブラシ、竹串、筆(小筆)、はさみ

■ ベースを作る

1 ベース用ワックスを用意し(パラフィンワックスを鍋加熱して溶かし、顔料を混ぜ合わせる)、表面に膜が張ってきたらホイッピングする。

2 1をスプーンで集め、手のひらで包んでマンゴーの形を作る。

3 ディッピング用無色ワックスを用意し(パラフィンワックスを鍋に入れ、加熱して溶かす)、2を70℃で3回ディッピングする。その都度、手のひらで包んで形を整え、表面を滑らかにする。

■ 色をつける

4 本体着色用ワックス①②を用意する。(パラフィンワックスとマイクロワックスを鍋に入れ、加熱して溶かし、顔料を混ぜ合わせる)

5 3を手で持ち、上半分を色①に60〜65℃で数回ディッピングする。その都度、少し角度を変えて浸す位置をずらすとよい。

6 5の粗熱が取れたら、下半分を色②に70〜75℃で数回ディッピングする。その都度、底についた余分なワックスを指で素早く拭き取り、形を整える。

7 上半分と下半分の色の境目が滑らかでないときは、ヒートガンで境目辺りを少し溶かして指のはらでならす。その後、もう一度手で包んで表面を滑らかに整える。

■ リアルな質感を出す

8 表面に針でたくさんの穴をあける。深く、あるいは浅くあけて強弱をつけるとリアルな表情になる。

9 砂を全体にまぶして、指のはらで穴に埋め込む。砂の入っている鍋の上で作業すると、作業机に砂が飛び散らない。

10 リキッドキャンドルをティッシュペーパーに取り、全体をきれいに拭く。このとき、白い斑点が足りないと感じたら、8〜10の作業をもう一度くり返す。

11 表面を真鍮ブラシで叩いて白っぽくする。

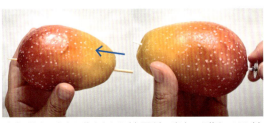

12 竹串で中央に芯穴をあけ(左写真)、座金つき芯をつける(右写真)。この芯がへたになる。

85

13 芯を持ち、ディッピング用無色ワックスに65℃でさっと1回ディッピングする。底についた余分なワックスは指で拭き取り、全体を手のひらで包んで表面を整える。11、13の作業で、白く曇った擦りガラスのような表情が出る。

14 リキッドキャンドルをティッシュペーパーに取り、もう一度表面を丁寧に磨いて、表面をできるだけ滑らかにする。

15 筆の後ろで芯の周囲を押して凹みを作り（左写真）、さらにそのまわりを針で数カ所さして雰囲気を出す（右写真）。

16 へた着色用ワックス①②を用意する（パラフィンワックスを鍋に入れ、加熱して溶かし、顔料を混ぜ合わせる）。

17 15の凹みとその周り、へたの根元に近い芯の下の方に、小筆を使って、色①を80〜85℃で塗る。

18 芯を好みの長さに切り、へたの先の方に、小筆を使って、色②を80〜85℃で塗る。

スターフルーツ

作品 P23
難易度 ★★★

材料

ベース用ワックス	80g〈パラフィンワックス100%〉、顔料〈蛍光イエロー＋イエロー＋マロン〉
芯着色用ワックス	5～10g〈パラフィンワックス100%〉、顔料〈マゼンタ＋ブラック〉
本体着色用ワックス	5～10g〈パラフィンワックス100%〉、顔料〈蛍光グリーン＋エバーグリーン＋マロン〉
ディッピング用無色ワックス	適量〈パラフィンワックス100%〉
芯／三つ組プラス芯〈3×3＋2〉（蝋引きの仕方はP27参照）	

道具

はかり、鍋数個、IHヒーター、割り箸、スパチュラ、房の型紙（厚紙で作る）棒状温度計、包丁、はさみ、半田ごて、竹串、ドライヤー、筆（小筆）、バット

房の原寸大型紙

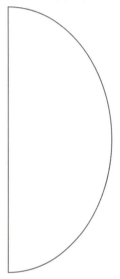

芯を蝋引きする

1 芯着色用ワックスを用意し（パラフィンワックスを鍋に入れ、加熱して溶かし、顔料を混ぜ合わせる）、芯を割り箸でつまんで浸して蝋引きする。ワックスから引き上げたら、まっすぐに伸ばす。

5枚の房を作る

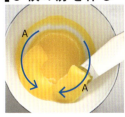  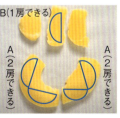 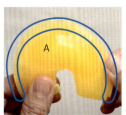

2 ベース用ワックスを用意し（パラフィンワックスを鍋で加熱して溶かし、顔料を混ぜ合わせる）、羊羹くらいの硬さになったら、写真のように外側をスパチュラでこそぎ取る。

3 鍋の中央に残ったワックスもこそぎ取る。

4 写真のように分けたAとBのパーツから5枚の房を作っていく。

5 2で作ったAパーツの縁を、温かいうちに写真のように指で押さえて平らにする。もう1枚のAパーツも同様にする。

87

6 2枚あるAパーツのうち1枚を用意し、Aパーツの縁と型紙（P87参照）のカーブがある程度合うように重ねたら（多少ずれが生まれる）、型紙のカーブ部分を指で押して薄くする。

7 型紙の形に合わせてはみ出したワックスを切り落とす。直線部分を包丁で（左写真）、曲線部分をはさみで切ると（右写真）1房できる。斜線部分でも手順6〜7を行い、もう1房作る〈この時点で2房完成〉。
もう1枚のAパーツでも、同様に手順6〜7を行い2房作る〈これで合計4房完成〉。
作業中にワックスが硬くなったら、ドライヤーの風を当てて温め柔らかくする。

8 3枚あるBパーツのうち、いちばん厚みのあるものを1枚選び、手順5と同様に、写真のようにどちらか一方の縁を温かいうちに指で押さえて平らにする。その後、手順6と同様に、Bパーツの平らにした縁と型紙のカーブ部分がある程度合わさるように重ね、型紙のカーブ部分を指で押して薄くする。
はみ出したワックスは手順7と同じ要領で切り落とす。これで1房できる。

9 合計5つの房ができたところ。

▌房を集めて星形にする

10 5枚の房を温かいうちに半田ごてで接着していく。まず、1枚目と2枚目の上下の高さを合わせ（左写真）、接着する直線部分に裏側からさっと線を引くように半田ごてを当て、少し溶かして固め、接着する（中写真）。ゆっくり当てると溶け過ぎて穴があきやすいので気をつける。硬くて作業しづらいときは、右写真のように、その都度ドライヤーで温め柔らかくするとよい。

11 3枚目、4枚目も10と同じ手順で足していく。高さを合わせ、接着したい直線部分に裏側から半田ごてを当て、ワックスを少し溶かして固め、接着する。

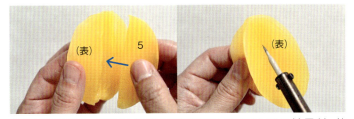

12 5枚目の房は、写真のように他4枚の隙間に入れ込むようにして(左写真)、接着する直線部分に表側から半田ごてを当て、ワックスを少し溶かして接着する。

13 5枚を接着したら、上から見て星形になるように形を整える。

■ リアルな質感を出す

14 ディッピング用無色ワックスを用意し(パラフィンワックスを鍋に入れ、加熱して溶かす)、IHヒーターからおろして、竹串をさした**13**を70〜80℃で3〜4回ディッピングする。底に垂れた余分なワックスをその都度指で素早く拭き取り、形を整える。

15 全体をドライヤーの冷風でしっかり冷やし、粗熱を取る。

16 本体着色用ワックスを用意し(パラフィンワックスを鍋に入れ、加熱して溶かし、顔料を混ぜ合わせる)、小筆を使って、**15**の上部とカーブした房の端部分を80℃で塗る。

17 **16**をディッピング用無色ワックスに100℃で1回さっとディッピングして光沢を出し、竹串を抜いて形を整える。

18 バットをIHヒーターで8秒ほど加熱し、加熱を止めてから、余熱があるうちに裏返して**17**の底を押しつけ、少し溶かして平らにする。

19 竹串で中央に芯穴を貫通させ(左写真)、芯をさして(中写真)、半田ごてでお尻部分の芯周りのワックスを少し溶かして固め、芯が動かないように固定する(右写真)。最後に芯を好みの長さに切る。

蓮根
れんこん

作品 P24
難易度 ★★☆

材料
ベース用ワックス　55g〈パラフィンワックス100%〉、
　　　　　　　　　顔料〈ホワイト＋イエロー＋マロン〉
砂（濃淡2色）／適量（砂の作り方はP29参照）
芯／蝋引きした三つ組プラス芯〈2×3＋2〉（蝋引きの仕方はP27参照）

道具
紙コップ、ストロー3種類（大：直径10mm、中：直径8mm、小：直径4mm）、油粘土、麺棒、はかり、鍋数個、IHヒーター、泡立て器、棒状温度計、はさみ、シリコンスプレー、バット、筆（中筆）、ペンチ、ティッシュペーパー、ピンバイス、真鍮ブラシ、ヒートガン、針、半田ごて

▎蓮根の型を作る

1 紙コップの底をくり抜き、高さ5cm程度のところではさみでカットする。

2 蓮根の穴を表現するストローを写真のように切る。ストロー大は長さ6cmを6本、ストロー中は長さ6cmを2本、ストロー小は長さ6cmを1本。はさみで切るときは、断面ができるだけ平らになるようにする。

3 ストロー大6本のうち2本を、指で挟んで穴をやや縦長の形に変形させる。

4 バットの裏に油粘土をのせ、紙コップの底の直径よりもやや大きいサイズまで麺棒で平らに伸ばして（左写真）、その上から紙コップの底をぐっと埋め込む（右写真）。

5 ストローを1本ずつ、紙コップの底にある油粘土に埋め込むようにさしていく。右写真はすべてさし終わったところ。

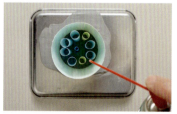

6 紙コップの内側にシリコンスプレーを吹きかける。このとき、油粘土やストローの側面にもかかるようにする。こうすると後で取り外しやすくなる。

■ベースを作る

7 ベース用ワックスを用意し（パラフィンワックスを鍋に入れ、加熱して溶かし、顔料を混ぜ合わせる）。IHヒーターからおろして、表面に膜が張ったら泡だて器で軽く混ぜて、半量をすぐに紙コップに流し込む。手に持ったバットを机の上で軽く上下させ、軽くトントンと叩くようにして（右写真）、ストローとストローの隙間にもワックスが行き渡るようにするとよい。

8 すぐに残り半分を7に注ぎ足し、7と同じ要領でストローとストローの隙間にワックスを行き渡らせてから、冷蔵庫で完全に冷やす。

9 バットの上の油粘土から紙コップを取り外し、側面に縦にはさみで切り込みを入れて、破りながらはがしていく。

10 さらにストローを取り外す。ペンチでストローの奥をしっかり挟み、力を入れて引っ張りぬく。それでもぬけないときはペンチをひねってからぬくとよい。

■リアルな質感を出す

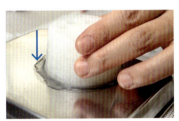

11 バットをIHヒーターで8秒ほど加熱する。使用するバットのサイズによって時間は加減を。過剰に加熱すると煙が出て危険なので作業中は目を離さず時間を守るよう注意する。

12 余熱があるうちにバットを裏返し、油粘土に接着していなかった方の断面を押しつけて少し溶かす。ワックスは固まる際に収縮するので、断面に部分的に凹みができるが、この作業で凹んでいる部分とそうでない部分の段差が緩和できる。

13 12の後、蓮根の断面についた液状のワックスをティッシュペーパーでさっと拭き取る（左写真）。同じタイミングでバットについたワックスも拭き取る（右写真）。このとき火傷に注意する。

14 穴に指を入れて形を整え（左写真）、余分についたワックスは乾いた筆で掃除する（右写真）。11～14の作業を断面にできた凹みがある程度目立たなくなるまでくり返す。

15 さらに、断面の中央周辺などに、ピンバイスで小さな5～6個の穴をあける。

16 表面と裏面は軽く、側面はしっかりと真鍮ブラシで叩く。側面には、さらに針で穴をあける（右写真）。

17 2種類の砂を混ぜ、**16**の側面に入れ込む。その後、遠くからほんの少しだけヒートガン（Lowに設定）の熱を当てて溶かし、砂を接着する。

18 できあがったキャンドルが飾ったときに安定するよう、側面の一部を平らにする。**11**～**13**の要領でバットを8秒加熱し、側面の一部を溶かして平らにしてから、余分なワックスを拭き取る。

19 **18**で平らしたところが底になるよう、反対側の側面からピンバイスで芯穴をあけ（左写真）、芯をさして（中写真）、半田ごてでお尻部分の芯周りのワックスを少し溶かして固め、芯が動かないように固定する（右写真）。最後に芯を好みの長さに切る。

ARRANGE

薄切りの蓮根

ワックスの量を少なくして**1**～**15**の手順で作る。芯は断面につける。一部をカッターで切り落とせば（右の蓮根）、食べかけのようになって楽しい。

椎茸
しいたけ

作品 P25
難易度 ★★☆

材料

ベース用ワックス	30g	〈パラフィンワックス100％〉、顔料〈ホワイト＋イエロー＋マロン〉
本体着色用ワックス①	15g	〈パラフィンワックス100％〉、顔料〈ブラック＋マロン＋オレンジ〉
本体着色用ワックス②	15g	〈パラフィンワックス100％〉、顔料〈ブラック（多め）＋マロン＋オレンジ〉

芯／蝋引きした三つ組プラス芯〈3×3＋2〉（蝋引きの仕方はP27参照）

道具

はかり、鍋数個、IHヒーター、棒状温度計、シリコンモールド、ドライヤー、はさみ、丸型のクッキー型（直径3.3cm）、まち針、クレイニードル、針、半田ごて、筆（小筆）、彫刻刀（丸刀）、真鍮ブラシ、ヒートガン

▎ベースを作る

1 ベース用ワックスを用意し（パラフィンワックスを鍋に入れ、加熱して溶かし、顔料を混ぜ合わせる）、シリコンモールドに注いで、羊羹くらいの硬さになったら取り出す。

2 1をドライヤーで温めながら手のひらで包んで丸め、椎茸のかさ部分と軸を作る。軸はワックスを伸ばしながら作る（右写真）。

3 軸をはさみで程よい長さに切り（左写真）、かさの裏側を指で押さながら凹ませる（中写真）。

リアルな質感を出す

4 クッキー型を傘の裏側から押し当て、丸い線の跡をつける。このとき、クッキー型の周囲（外側）に丸い膨らみが出るようにする（左写真）。できたらクッキー型を外す（右写真）。

5 4のクッキー型でつけた丸い線の跡の内側にまち針で丁寧に細い線を描き、ひだを作る（左写真）。削りかすが出たら、その都度乾いた筆ではらってきれいにするとよい。

6 軸にもまち針で線をたくさん描き、毛羽立った表情を出す。

7 かさの周囲には、クレイニードルで筋を深くつける。

8 軸の底部分は、クレイニードルの後ろを押し当てて凹みを作る。

9 針で中央に芯穴をあけ（左写真）、芯を通す（中写真）。芯は軸の方に長く出し、かさの上部を半田ごてで少し溶かして固め、芯が動かないように固定する（右写真）。できたら芯を好みの長さに切る。

色をつける

10 本体着色用ワックス①②を用意する（パラフィンワックスを鍋に入れ、加熱して溶かし、顔料を混ぜ合わせる）。

11 9を完全に冷ましてから、かさの周囲から色をつけていく。まず色①を、小筆を使って、65～70℃で塗る。写真のように間隔をあけながら塗る。

12 次に、11でまだ塗っていない部分に、小筆を使って、色②を65～70℃で塗る。微妙な濃淡の色を塗り分けることで本物らしさが出る。

13 かさの上部は、まず色①を65～70℃で塗る。このとき一部を塗り残し、その部分には色②を65～70℃で塗る。濃淡を塗り分けることで表情が出る。

14 かさの上部を所々丸刀で彫り、本物らしい模様をつける。

15 かさの上部と周囲を真鍮ブラシで叩き、かなり遠くからヒートガン（Lowに設定）の熱を少し当てて溶かし、細かい凹凸を作る。

16 軸は、小筆を使って、部分的に色①と色②を塗り、あえて色むらを出す（左写真）。最後にもう一度まち針で線を描いて毛羽立たせ（中写真）、底は真鍮ブラシで叩き、表情を出す。

兼島麻里 かねしままり

Ballare（バラレ）主宰。独学でキャンドル作りを学び、商品販売やカルチャースクールの講師を経て、現在は自宅にアトリエを構え、キャンドル教室を開催。個展やワークショップ、他業種とのコラボレーションイベントなどを行う。tomosキャンドルクラフトコンテスト2018 キャンドルクラフト優秀賞、特別賞（人気投票1位）受賞。

STAFF

ブックデザイン	釜内由紀江（GRiD）
	五十嵐奈央子（GRiD）
撮影	加藤新作
	吉田篤史（プロセス）
スタイリング	鍵山奈美
編集	飯田充代

撮影協力

AWABEES　03-5786-1600
TITLES　03-6434-0616
UTUWA　03-6447-0070

シンプルな材料でリアルな表現
野菜と果物のキャンドル

NDC 592

2019年9月14日　発行

著　者	兼島麻里
発行者	小川雄一
発行所	株式会社 誠文堂新光社
	〒113-0033　東京都文京区本郷3-3-11
	（編集）電話03-5805-7285
	（販売）電話03-5800-5780
	http://www.seibundo-shinkosha.net/

印刷・製本　図書印刷 株式会社

© 2019, Mari Kaneshima.
Printed in Japan　検印省略　禁・無断転載

落丁・乱丁本はお取り替え致します。
本書に掲載された記事の著作権は著者に帰属します。
これらを無断で使用し、展示・販売・レンタル・講習会等を行うことを禁じます。

本書のコピー、スキャン、デジタル化等の無断複製は、著作権法上での例外を除き、禁じられています。
本書を代行業者等の第三者に依頼してスキャンやデジタル化することは、たとえ個人や家庭内での利用であっても著作権法上認められません。

[JCOPY]〈一社〉出版者著作権管理機構 委託出版物〉
本書を無断で複製複写（コピー）することは、著作権法上の例外を除き、禁じられています。本書をコピーされる場合は、そのつど事前に、（一社）出版者著作権管理機構（電話 03-5244-5088 ／ FAX 03-5244-5089 ／ e-mail:info@jcopy.or.jp）の許諾を得てください。

ISBN978-4-416-71904-6